同济大学学术专著（自然科学类）出版基金项目

高密度发展与建筑实验

董春方　著

同济大学 出版社
TONGJI UNIVERSITY PRESS

前言

2009 年，系里希望我给硕士研究生开设一门建筑设计课程。那时研究生的课程并非由各个学科组来组织开设，而是经由系里统一计划，布局安排。我欣然接受了这项工作。

硕士研究生的设计课程与本科生的有所不同，我希望这门设计课程有它的特殊性，这种特殊性并非不可以复制，而是因时因地拥有某种特别品质。另外，希望这门课程能对学生有用，使他们经过特定训练之后，具备应对所设定目标的建筑设计能力。如果能够因此更深入地思考，在理论方面有所收获，作出哪怕微小的理论贡献，就更理想了。未来，不管他们从事设计、科研工作，还是从事开发建设及管理工作或社会事务，希望这门课程所涉及的知识和经验能对他们有益。那么，应该给学生选择什么样的课题呢？

彼时，我对有关城市高密度发展与建筑生成问题的思考与研究已经有一段时间了，也积累了一些研究与设计的经验成果。同时由于我们这所建筑学院所在的超大型高密度城市的特殊性，我们日常中很容易接触到高密度城市环境，我觉得学生应该利用这种唾手可得且得天独厚的环境条件，对生成于这种环境中的建筑现象有更切身的认知，生动地学习一些处理高密度的建筑智慧。

　　几十年的高速发展，我们最能感受到的是城市密度的激增，曾经的高层建筑与大型综合体建筑物是大城市的特权，而今天即使在一座偏僻的县级城市也成为平常之物。一直以来，我们总是为地大物博而感到骄傲。但是经过几十年的快速发展后，猛然发现我们的城市发展已经对"地大"提出了严峻的挑战。对于中国和绝大多数其他高密度人口的亚洲国家来说，仅以人口密度和适宜居住的有限用地这两项制约因素来考虑，已经别无选择，必须接受城市高密度发展模式。对于从事城市建筑设计与研究的建筑师来说，高密度的城市环境是从事建筑创作和研究的现实与预设，以及难以回避的一种前提条件。传统的、习以为常的建筑空间思维和操作方式在高密度的城市环境下将会失去效力，建筑师应该懂得一点处理高密度的建筑艺术。

　　趋向高密度已经是城市发展不争的现实，但人们漫步在高密度城市之中，尤其是在城市的高密度中心区，常常对不当的巨大空间尺度感到困惑。看似高容积率的高强度开发，仔细观察实质的土地利用率其实并不高。大容量大体量的建筑物孤零零地竖立在城市空间中，彼此缺乏联系与关照。步行变得非常困难，穿越百米宽的道路至另外一侧需要鼓足勇气；有时已经看见那一栋目的地建筑物，却被道路阻断，不得不需要打开电子导航才能到达。这些高密度发展中的建筑与环境问题似乎只需常识就能解决，但是我们看到的结果却并不令人乐观。

作为建筑学或相关专业的学生，他们是未来的建筑师或规划师，是我们的建成环境的未来设计者。如果他们不懂得应对城市高密度发展的建筑方法，那么我们所面对的城市环境将越来越远离我们理想宜居的诉求，我们今天在城市中遭遇的窘迫将越来越严重。对于他们来说，在掌握建筑学基础知识和技能的前提下，完全有必要了解高密度城市建筑与空间的特征和相关理论知识，学习国内外有关实践经验。再通过反复的建筑实验，发现被高密度环境所激发的建筑应变现象，继而学习和掌握建筑生成的基本理论知识和设计方法。为构建协调发展的人性化的高密度城市作出贡献。

本书共 8 章。第 1 章概要介绍了对城市高密度发展的思考，并从中梳理概括建筑应变的一些经验性规律，作为之后应变原理实验的目标。第 2 至 7 章分别为基于城市高密度发展的 6 个建筑应变原理，每章由原理与实验两部分组成。其中，原理部分的重要内容和理论基础源于我之前出版的《高密度建筑学》的精炼与发展，再建筑实验逐一对应。通过同一课题的反复实验，验证和校对 6 个建筑应变原理的可行性和有效性，展示原理的不同演绎方法。最后一章回到城市高密度发展的必然性与历史性，揭示在人口与用地这两项因素制约下，高密度对包括我国在内的那些人口基数大、人口密度高的国家和地区的意义，回顾历史上应对城市高密度发展而发现倍增与优化建筑空间的方法。

目
录

概述

1

我们还能做什么

　　在当今中国，人们对于空间质量的诉求与城市有限的土地资源、巨大的人口压力之间的矛盾日趋严峻。在高速的城市化进程之后，城市处在扩张与更新并存的特殊时期。城市既有的人口与建筑密度现实与城市发展、更新的需求之间的矛盾，使得高密度发展模式成为中国绝大部分城市的必然选择。如何提升土地利用效率，改善城市空间品质，创造富有活力的城市生活也成为城市发展面临的迫切问题。同时，城市经济与产业结构转型导致了城市空间模式重构和空间生产方式转变。高密度不是表面化的城市空间数字指标，而是系统化的城市构建方式，一种城市交通、空间形态、基础设施、产业功能、城市生活等多方面的耦合关系与协同发展。建筑物作为城市经济在空间上的投影，是城市经济与城市空间耦合关系与协同作用的一种空间物化载体。在这种背景下，建筑还能做什么，还能够承担何种本体角色是值得思考的问题。建筑的设计、开发与建设如何更为高效地整合城市土地和空间资源，包容城市生活、提升城市空间效率与活力，成为城市、建筑领域研究的紧迫议题。

高密度发展在建筑学曾经的语境中并非一个引人瞩目的议题。城市高密度环境曾经远离我们的生活经验，在人们的印象中只是和香港、东京等一些城市相关。但是在可预见的未来，即使在今天，无论是客观冷静的数据还是切身热烈的感受，城市化的典型表现便是城市人口和建筑密度的激增。对于建筑师来说，不管是勇敢面对还是消极回避，城市化促成的密集化一直在悄无声息又不可阻挡地进行着。

亚洲有世界上人口密度最高的城市，事实上，对于中国或者其他多数亚洲国家，密集化的城市不仅仅是城市发展的一种状态，而且早已是历史和现实的经验。特别是进入 21 世纪以来，对于中国和绝大多数亚洲国家来说，从人口密度和有限的适宜居住用地这两项制约因素来考虑，已经别无选择，必须接受城市高密度发展的模式。对于中国建筑师来说，城市高密度发展是城市建筑创作和研究的现实基础和难以回避的预设。

城市高密度发展模式为城市形态、空间和功能的多样性呈现提供了可能性，也为丰富多彩的建筑类型和形态的存在提供了条件。这种密集意味着高效率、节约时间和精力，城市高密度地区产生了密集而丰富的城市生活。密集的建筑群也有助于完善和提升城市的整体形象，促进城市生活和文化活动以及相关城市功能和设施的发展。

然而，另一方面，在城市高密度地区，城市交通常常处于瘫痪边缘，城市公共空间过度拥挤，空气污染严重，空间质量不符合人类宜居环境的要求。一些高容积率用地上的建筑虽然获得了充分的、一般意义的使用空间，但是缺乏开放空间，因高密度而丧失了空间与环境的品质。建筑物因自身的高容量、复杂的功能与空间结构导致建筑物使用的不便及效率的低下，建筑物的接近和疏散变得异常艰难。

如果建筑本体针对城市高密度发展的应变还是习以为常的传统方法，其结果无疑只会加剧城市与建筑环境的恶化，更加远离人类宜居的要求，传统的建筑空间思维和操作方式在城市高密度环境下将失去效力。

由于城市本身的复杂性，涉及社会、经济、政治等一系列的难题，同时城市使用者生活体验和工作方式所存在的种种差异，建筑师在面对高密度状态的城市环境时常常感到困惑而力不从心。那么在以城市高密度发展作为建筑创作的一种预设时，建筑师究竟还能做些什么？什么可以做到呢？

建筑师从来就不具备万事俱通的能力独自拯救城市和环境，他们无法改变城市、社会、经济和政治的规则。但是，他们通过探索和实践，有能力寻找到建筑的方法和手段，在满足空间需求的前提下，一定程度上可以化解高密度所产生的弊端，挖掘高密度的价值，改善城市物质环境与建筑品质，以建筑学的方法应对城市的高密度发展，建筑师至少应该懂得一点处理高密度的艺术。

有关城市密度的研究一直可以追溯到英国的花园城市运动和德国的早期现代主义。19世纪后期的欧洲，工业革命导致城市急剧膨胀。在狭小的城市空间中聚集着大量的贫民窟、作坊和工厂。城市缺乏清新空气、阳光和开放空间。高密度似乎和疾病、剥削、犯罪相关，是混乱、肮脏、拥挤不堪的城市与居住环境的同义词。与此对应的解决方案便是分散的城市和低密度策略，密度研究的警示效果催生了英国的花园城市与北美的郊区化。随着社会文明的进步，早期的工业化所导致的城市弊端渐渐缓解和改善，城市密度的研究在欧美发达国家逐渐冷寂和不被重视，一直到城市可持续发展成为城市建设的主流观念，城市密度的研究又重新引起城市规划与建筑学领域的关注。

荷兰建筑学领域对城市高密度与建筑相关问题研究起步较早，这也许源于荷兰强烈的土地稀缺危机感。荷兰是世界上人口密度最高的国家之一，人均可居住用地也是世界上最少的。有荷兰建筑师曾对笔者感慨，如果荷兰也像美国那样热衷于独立住宅，那么不用多久，荷兰国土就将会几乎全部被建筑所覆盖。也许是因为一直生活在土地稀缺、高人口密度的国度中，城市密度研究成为荷兰当代建筑师关注和思考的一个迫切问题，也成为许多建筑师和建筑学者的一项重要使命，并因此转化为一些具有实验性的建筑设计理论和实践探索。当全球都被少数建筑大师的作品风格和潮流淹没时，荷兰却能孕育出众多高密度研究和实践团队。

荷兰代尔夫特大学豪普特教授和伯格豪瑟·庞特教授于 2004 年出版的著作《空间伴侣：城市密度的空间逻辑》[1]，研究城市混合环境空间的质和量，如何在高密度条件下优化空间以及在何种程度上满足使用者的愿望。研究认为，可以通过空间的质和量两方面来评价空间的使用，并且建立了一个集城市密度、居住环境、建筑类型和城市化程度的集合图示，提出了"空间伴侣"的城市密度与形态评价方法。城市密度牵涉众多与建筑相关的复杂因素。为了厘清这些因素，伯格豪瑟·庞特教授以建筑容积率、建筑覆盖率、开放空间率和平均建筑层数四项参数指标用于描述密度的概念，同时用图解的方法将四个参数结合在一起作为对城市环境的密度状态的评价。此外，"空间伴侣"另外一个关键的用意是希望将空间和形式与密度建立直接的联系。"空间伴侣"的成果为密度的研究提供了理性直观的分析、判断和评价工具。

2008 年，荷兰代尔夫特大学鲁迪·乌滕哈克教授出版《城市充满空间——密度的质量》[2]，探索城市结构中密度的潜能和特质，提出了一系列特殊的方法和方案，并且通过设计与案例研究，论述了居住建筑的理想平面布局和剖面设计。此外，鲁迪·乌滕哈克教授还在现有的有关建筑密度的四项参数指标量度方法上引入了建筑立面指标（facade index）概念，并系统阐述了五项指标与建筑、城市形态的关系，以及五项指标之间的相互关联。

1 M. Berghauser Pont, P. Haupt, *Spacemate: the spatial logic of urban density*（Delft: IOS Press/Delft University Press, 2004）.

2 Rudy Uytenhaak, *Cities Full of Space, Qualities of Density*（Rotterdam:nai 010Publishers, 2008）.

如果说代尔夫特大学的密度研究是以建筑学者的身份，更多地从建筑理论方面展开的研究，那么MVRDV建筑规划事务所则是以建筑师的角色依据理论的探索来支持他们的建筑创作和实践。

近年来，MVRDV建筑规划事务所最重要的成就是将多年对城市高密度的研究具体运用到建筑实践中，并产生了很多较有影响力的设计作品和著作。2005年，MVRDV出版了《KM3：容量中的旅行》[1]。书中认为，城市规模在不断扩大，不仅在二维平面上扩大，同时在竖向维度增加，高空也将成为城市发展的一个方向。他们还认为，应该建立一个拥有更多公共层次的城市，以容纳扩展的城市。他们展示给人们一个接近极端的"KM3构想"——5km×5km×5km的立方体城市，可容纳100万人口。这座城市能够满足这些人口生活和工作的空间要求，以及维持城市正常运转和生态平衡的一切空间需要，并且具备可持续发展的能力。姑且不论KM3构想是否具有现实意义，但是三维立体模式的巨大容量和潜在价值，是二维平面模式所无法替代的。

MVRDV的关键成就并非是提出了一系列看似不现实的理论和观点，而是将密度研究成果尽可能地付诸实施，为探索城市高密度与建筑的关系提供了实验性设计经验，为建筑创新提供了批判性的思考方法，2000年汉诺威世博会荷兰馆（图1-1-1、图1-1-2）是其典型代表。荷兰馆建筑将不同的城市功能垂直向度地分层、混合、叠加在一起，最大限度节约用地、提高密度的同时，获得舒适的空间环境。垂直三维立体分层的空间重构在拥挤的

1 MVRDV, *KM3: Excursions on Capacities* (Barcelona: Actar, 2005).

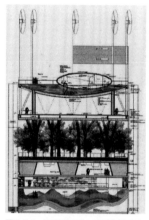

图1-1-1 汉诺威世博会荷兰馆剖面图

图1-1-2 汉诺威世博会荷兰馆

图 1-1-3　波兰波兹南 BALTYK 办公大楼

图 1-1-4　BALTYK 办公大楼底层街角

城市空间中创造出空中庭院、空中剧场、空中展馆和空中森林。外侧的连续楼梯不仅是实质上的垂直交通，也暗示了原来的城市地面水平向度的街道向垂直竖向的延伸。

如果说汉诺威世博会荷兰馆是以叠加的模式对自然的重构，从而谱写了一首看似浪漫的立体装置化的田园牧歌，那么位于波兰波兹南的 BALTYK 办公大楼则是密度逻辑的直接的理性推导结果。多变的形态是对用地和环境条件的直接回应，创造了拥有优良景观的高质量室内办公空间和户外平台，稀释了建筑容量最大化后的笨拙体量，底层街角的建筑形体凹进退让，为城市提供了宝贵的地面公共空间（图 1-1-3、图 1-1-4）。

MVRDV 针对高密度发展的建筑本体应变的探究催生了他们的建筑观念和设计方法。

荷兰建筑师雷姆·库哈斯同样也专注于城市高密度的研究并努力尝试"实验性"的建筑设计实践。他著有《癫狂的纽约》[1]《小、中、大、超大》[2]等，从"拥塞文化"的概念探索城市高密度发展的城市空间特征和建筑类型。"拥塞文化"阐释了城市高密度环境以及其中建筑的多样性价值和活力，并由此而推演出高密度对城市繁荣与建筑生命力的意义。库哈斯不仅是浪漫的建筑理论家，而且也是活跃的先锋建筑实践者。他设计的北京中央电视台总部大楼（图1-1-5）是一种基于密度的思考，与早期作品达亚瓦别墅（Villa dall'Ava，1991年，图1-1-6）一样，尝试在高密度环境中立体地向"空中"寻找可利用的空间价值，将稀缺的地面空间留给城市，为城市提供公共空间和绿化空间，同时制造一种密度的乐趣和愉悦，是对待城市高密度发展的积极态度。"要向重力挑战"是库哈斯在央视总部方案中提出的口号。那么无缘无故地为什么要挑战重力？挑战重力最直接的理由就是要在空中开拓空间，而这恰恰是建筑挣脱高密度环境压力的直接手段和途径。既然地面的拥挤已迫使建筑无处藏身，那么地下或空中是必然的选择。而这种选择的结果便是超常的建筑形式和形态的产生。

同为央视总部大楼设计者之一的奥雷·舍人（Ole Scheeren）所设计的位于泰国曼谷的大都市大厦（Maha Nakhon）又是一次颠覆沉闷传统摩天大楼的实验（图1-1-7、图1-1-8）。与其说这是一次流于表面的类像素化的形态操作，倒不如认为是高密度高强度开发激发的建筑形态设计概念。摩天大楼并不稀缺内部使用空间，缺乏的是在满足高容积率之后，仍然能够获得高品质的

1 Koolhaas R, *Delirious New York* (New York: The Monacelli Press, 1978).

2 Koolhaas R, MAU B. *S*, *M*, *L*, *XL* (New York: The Monacelli Press, 1995).

图1-1-5 北京中央电视台总部大楼

图1-1-6 达亚瓦别墅

图 1-1-7 大都市大厦   图 1-1-8 大都市大厦

空间，在高空拥有室外空间以及室内外的便利连接。建
筑的社会性是奥雷·舍人一直追求的设计主题，那么大
都市大厦的社会性又是指什么呢？不难理解，这里的社
会性表现为在拥挤的环境中为城市提供开放空间，是城
市生活的参与者、贡献者，促成城市与建筑空间的共生。
正如设计者在解释大都市大厦的设计理念时提到的：

　　大都市大厦背后的理念是把城市生活以一种戏剧性
的盘旋运动沿着大厦自下而上延伸。这座大厦不仅在其
地面层设计了一个公共广场，甚至其顶层空间也向公众
开放，市民活动沿着整个大厦的像素化阶梯自下而上分
布，将整个建筑归还给公众。建筑具有强烈的城市意识
和公众意识，自身成为城市公共活动的积极参与者。[1]

　　布罗托在《高密度建筑——未来的建筑设计》中以
大量的具有探索创新和先锋精神的已经建成的实例以及
未实现的建筑方案，展示了未来的建筑发展趋势——"高

1　https://www.gooood.cn/
mahanakhon-tower-by-buro-
ole-scheeren.htm.

密度建筑"。书中没有给出高密度建筑的定义，而且高密度建筑的提法也有待商榷，但是作者却以所选案例告诉人们，在高密度或高容积率条件下的城市巨构建筑物的特征，以及隐藏其中的内在逻辑。该书引言中陈述了高密度建筑的价值：

世界各国的建筑学家们正在为如何建立高效且宜居的高密度城市纷纷提出各自的见解，而高密度建筑正是未来最具远见的提案。面对人口持续增长这一21世纪人类最大的挑战，所有提案都不约而同地关注着建筑设计和城镇规划这两个问题……如今，土地被视为一种有限的可再生资源。由于缺乏空间，人们采用密集型的生态建筑策略，20世纪的摩天大楼就是典型的例子。如果我们想要创造一个优质、和谐的环境，首先必须为其创造必要条件。这意味着要使城市具有独特性并能为社区成员们提供多种多样的活动，使城市功能和人们良好地融合，并使之成为实现社会凝聚力的关键性因素。同时，这一融合也促成了多样化建筑的形成，而功能的自由性有利于建筑的实现。20世纪后半叶那些结构复杂的大型整体性建筑已经被多个建筑组成的多重空间所取代。[1]

1 布罗托：《高密度建筑——未来的建筑设计》（高明译），天津，天津大学出版社，2009，第8页。

暂时撇开高密度建筑的提法是否恰当，就陈述中可以得出，他理解高密度建筑为一种应对高密度城市而产生的建筑应变的载体，是一种因缺乏空间而导致的密集的建筑形态，同时又是"融合""多重空间"的建筑功能和空间结构的建筑类型。

对于中国的普通民众以及建筑师而言，过往的历史经验表明，土地问题似乎一直是并不值得担忧的一个城市发展因素，高密度的城市发展模式并未引起足够的重视。即便出现一些有关城市高密度的研究，多数是从城市规划、经济发展等方面展开的宏观层面的探讨和思考。至于城市高密度对建筑本体及建筑学观念所产生的影响和变化就很少涉及，至多也是基于城市规划或城市设计的一些关联性研究。

随着中国城市化加快，土地越来越稀缺，针对建筑在高密度地区遇到的问题和应变方法研究开始引起建筑学专业领域的重视，一些建筑师和建筑理论工作者进行了积极有益的探索和尝试。

中国香港是较早关注城市高密度发展问题的地区，这源于香港的土地政策和极端的高密度城市状态。

香港规划师协会前主席潘国城博士早在 1988 年第 3 期《城市规划》上就发表了文章《高密度发展的概念及其优点》。潘国城博士虽然未就高密度的概念提出清晰明确的理论性陈述，但是论文结合香港实际，指出密度的相对性（"比较性"）特征。论文以高密度的含义作为共识展开研究，同时又澄清了楼外高密度与室内挤迫感的差别，以及高密度发展与高层发展之间的关系，并着重分析了高密度发展在现代城市建设中的优点。

身为规划师的潘国城更多是从城市规划的观念以及人口的密度两方面探讨城市的高密度发展。而香港中文大学吴恩融教授则是基于环境可持续性角度着手香港的高密度课题研究。《香港的高密度和环境可持续性——一个关于未来的个人设想》是吴恩融教授于2007年第10期《世界建筑》上所发表的关于高密度研究的论文。虽然此文也是从城市规划的层面来论证香港的高密度，但是已经有较多的内容涉及城市设计和建筑学思考。他扩展了密度的含义，包括每平方公里人口数量和确定用地上的建筑总量两方面的意义。其次他提出了需要有"范式转变"以应对高密度条件下的城市与建筑设计。

当一个结构生长时，它要经历很多临界值状态……也就是说它需要突破。面对高密度生存条件和环境问题，同样要求相似的突破和思维的"范式转变"。因为已有的规范和标准不再有效。[1]

这段陈述是该论文的关键性论点，即高密度环境下的建筑需要"范式转变"以突破传统观念。吴恩融认为高密度城市已经无法仅仅是单一维度城市空间和结构模式，基于平面的行为模式分类和以剖面解决环境质量也不再有效，取而代之的是一种更为有机渗透的三维城市。其次，城市高密度环境并不简单地与占据各自用地上建筑单体相关，更与紧邻的建筑环境以及建筑物之间的微观环境相关。对城市高密度环境来说，围绕建筑的环境比建筑实体更重要。此外，吴恩融教授2010年出版的《高密度城市设计：实现社会与环境的可持续发展》[2]，是一部从城市规划和城市设计到社会、经济、环境等方面全面论述高密度城市问题

1　吴恩融：《香港的高密度和环境可持续——一个关于未来的个人设想》，载《世界建筑》2007年第10期，第128页。

2　Edward Ng，*DESIGNING HIGH–DENSITY CITIES：For Social & Environmental Sustainability*（Oxon, New York：Earthscan, 2010）.

和发展的著作。

香港建筑师在城市狭缝中顽强地用非常规的空间思维方式和空间操作解决超常高密度问题。早期的香港城市高密度实践引来了建筑领域内的众多批评，但是随着高密度发展的观念越来越被接受，甚至成为必须接受的发展现实时，香港的经验得到了广泛的重视。一方面，香港城市的极端高密度所带来的窘迫城市生活似乎在描绘一幅人类城市生活的梦魇图，就如有香港建筑师曾对笔者自嘲，一边在自家的客厅里喝茶，一边可以观看对楼卧室里的电视新闻。但另一方面，因为密度的压力和窘迫，才激发出香港建筑师或建筑学者的惊人勇气和智慧。

继吴恩融教授之后，以建筑学者身份和比较独特的视角研究香港高密度课题的学者是荷兰建筑师张为平。在《隐形逻辑——香港，亚洲式拥挤文化的典型》一书中，张为平先生在香港城市环境和建筑实例的现实分析中描绘了香港建筑空间的特征——杂交、共生、暧昧不明的公共空间和垂直都市主义[1]。这些特征既是香港城市空间和建筑环境的形象概括，同时也是在城市极端高密度条件下获得的行之有效的建筑学应对智慧。以"杂交与共生"和"垂直都市主义"的概念描述了高密度环境中建筑与城市空间的存在方式，而且加以具体的案例和细节剖析。他还比较了欧洲低密度城市的萧条景象，赞美高密度对香港的城市繁荣和城市生活的贡献。

1 张为平:《隐形逻辑——香港，亚洲式拥挤文化的典型》，南京，东南大学出版社，2009 年。

自现代主义建筑观念以来，建筑是一种环境的理念早已深得人心，从《雅典宪章》到《北京宪章》都强调和倡导"建筑物不再是孤立的，而是一个连续统一体中的一个单元"，或者"将我们关注的焦点从建筑单体、结构最终转换到建筑环境上来"。在阿尔多·罗西看来，建筑从来不是孤立形成的，而是城市的构成。[1] 城市高密度发展中的建筑也不是孤立存在的，它是高密度城市形成过程中的产物，又反向构成高密度城市环境。在此，我们将基于城市的观念寻找高密度发展的建筑学方法，并通过高密度建筑实验以校对修正我们所发现的建筑应变规律。

建筑是自然与人工的产物，建筑历史是一部自然演变与人类文明共同发展的历史，更是一部人类如何适应并协调与自然及人工环境共生的演进史。从历史的经验可以获知，每次建筑变革或多或少都与它所处环境的改变有关。"我们所做的设计应该构成一种贡献，它应该不时地诱发适应特定境况的特别的反应。"[2] 我们的目的也就是寻找这种特定环境条件下的建筑的"特别反应"。

高密度实验探讨的对象是建筑，体现美学意图和创造更好的生存环境是建筑的两大永恒的主题，建筑的本质是空间、形态和环境。城市高密度的直白解释便是单位用地上的高容量建筑，因而高密度实验的重点和核心内容是要找到一种"空间利用"方法，视高密度为生存策略和预设。

1　阿尔多·罗西：《城市建筑学》（黄士钧译），北京，中国建筑工业出版社，2003 年。

2　赫曼·赫茨伯格：《建筑学教程：设计原理》（仲德崑译），天津，天津大学出版社，2003 年，第 152 页。

那么如何利用空间呢？城市地面空间的密集和拥挤，逼迫建筑师需要另辟蹊径，朝着空中或地下寻找可用的空间。因心理与行为等方面因素的影响，空中寻找可利用空间成为首选的必然出路。

其次，空中拓展与寻找可利用空间，虽然可以获得大量的空间，却失去了亲近、联系和拥有地面环境的建筑空间及品质——所谓的近地性，或缺失地面开放与公共空间。因此需要"空间补偿"方法弥补因在空中而失去的地面空间环境与品质，为城市地面开放与公共空间提供补偿以减缓高密度环境的拥挤，并且补偿因城市规划和建筑规范被制约了的建筑空间。

另外，高密度和多样性鼓励建筑功能与空间分配从单一维度（平面维度）向三维建筑空间模式的转变，并且促使建筑功能和空间与城市社会功能和空间趋向混杂状态，促进二者以"杂交"的方式协调"共生"于高密度城市环境。由此，针对城市高密度发展的建筑实验也必然涉及"杂交与共生"的观念，尝试一种"反类型"的新建筑类型的设计实践。

对处于高密度环境的城市公共空间（街道、广场等）及其与建筑的过渡空间来说，围绕建筑实体的空间环境与建筑实体具有同样的地位和相同空间类型和逻辑。为了避免陷入浩瀚无边、变化莫测的城市复杂性泥潭中，实验探索的城市环境因素设定在高密度城市街区的城市空间结构和空间形态的有限范围内，也可以认为是建筑周边环境与空间的一种延伸。

最后，高密度实验的内容与问题的切入归纳总结为：以建筑为本，寻找城市高密度环境条件下的建筑构成中的密度潜能和特质，探讨能够提升建筑空间的质和量，并协调共生于城市高密度环境的建筑应变原理与方法。

2 多样性

多样性原理

多样性原理是指利用密度的优势，在具备一定规模与条件的处于高密度环境的建筑中，设置多种多样的功能和空间，甚至包括部分城市功能和空间。多样性包含了功能的多样和空间形态的多样。

多样性的前提是密集与丰富的生活与行为，以及容纳这种生活和行为的物质环境。高建筑容量为建筑功能和空间形态的多样性提供了物质环境基础，而多样性则为高密度环境中建筑的资源集中、便利和高效，以及建筑的生存和活力提供了功能和空间的保障。

当今，呈现多样性和丰富性的城市远比单一性的城市更具活力，这是城市繁荣的秘诀。美国城市规划学家简·雅各布斯认为，城市最为珍贵的价值是其生命力与丰富性，她主张：

建筑以及其他用途间的融合是城市地区获得成功的必要条件。欣欣向荣的城市多样性由多种因素组成，包括混合首要用途、频繁出入的街道、各个年代的建筑以及密集的使用者等。

　　她概括了城市多样性的必要条件：首先，城市的多样性需要城市功能的多样性叠加，需要密集的人口和同样多样化的人群和阶层；其次，城市多样性需要城市空间的多样性；再有，城市的多样性需要建筑物的多样性支持，丰富多样的建筑类型以及不同等级的建筑物是城市功能多样性的物质环境，也是城市经济多样和活力的条件，同时最终也是城市多样性的必要的物质基础。

　　生物学中的生物多样性价值也启发了城市规划与建筑学者。在一个生态系统中，多种多样的生物往往处于共生状态，生物种类越丰富、生物量越大，那么系统的稳定性就越高，也就越能保持该生态系统可持续发展的状态，越具有抵抗外界干扰的能力。

　　高密度环境中建筑功能与空间形态的多样性具有城市多样性和生物多样性同等的意义。多样性一方面是高密度所赋予的特质，另一方面也是建筑在高密度环境中需要接受的存在原则。多样性为使用者提供多种选择，满足使用者不同的空间和功能需求。首先，功能的多样性叠加确保使用者的各种行为要求得到满足，并且兼顾各种各样的人群、阶层的需求均衡。高容量建筑可以容纳城市的多种功能，满足使用者所需的原来只能由城市提供的各种功能和设施。其次，功能的多样性要求空间的多样性，尤其建筑公共空间的多样性。城市高密度环境中的大中型高容量建筑事实上已经是一种微缩了的"城市"，它也需要"街道""广场"等"城市公共空间"。功能的多样性是建筑资源集中、便利和高效的保障；空间形态的多样性除了作为功能多样性的载体之外，更重要的是提高了建筑的空间与环境品质。

作为一项高密度发展中的建筑指导原理，多样性原理并非指所有处于高密度环境的建筑都必须符合多样性的要求，而是针对具有较大规模和空间容量的大中型建筑，比如建筑综合体、城市综合体或城市巨构建筑物，等等。即使对于处于密集环境中的小规模建筑，如果实施一定程度的多样化功能复合，也有利于土地的集约化利用和各种功能及空间之间的平衡，并可获得建筑空间利用的最大化。

生长的单元（Growing Unit）2015

张黎婷　陈奉林　吴丽群
米歇尔·拉蒙塔纳拉（Michele Lamontanara）

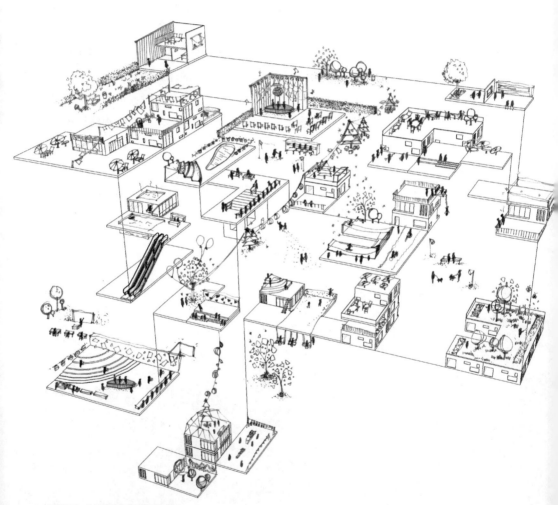

图 2-2-1　生活场景与空间类型示意图

基地毗邻历史保护建筑和里弄住宅区，又与现代化的新金融中心隔江相望。使用者的类群和行为也很多元化，包括周边居民的居住活动以及各地游客，行为有旅游、休闲、购物活动等。在面对复杂而多样的环境条件时，设计者意图创造多样的物质环境，以容纳密集与丰富的生活与行为。

　　方案图解罗列了丰富的生活场景和对应的空间类型，通过多种类型的基本空间单元的灵活组合，提供一系列的空间容量、类型的选择，并可容纳类型丰富的公共设施和灵活多变的使用功能。方案试图创造的多样化空间模式是密集与高容量条件下的一种合理的空间乘法。

　　方案采用模块化设计方法，由不同的模块单元组团堆叠、咬合、并置组成，在空间网格框架结构内具有灵活的弹性空间特性和生长拓展潜力。通过控制单个模块空间使用、组团中模块数量、模块的多种组合方式，创造一个具有较高兼容性的空间网格化巨构体量，以容纳城市功能的多样性，彰显高密度城市环境丰富、繁荣的多样性价值。

　　方案将多样性原则深化扩展至模块单元多种开窗方式上，提供了多种开窗方案的选择，也包容更多具有个性且满足实际使用需求的自定义方案。

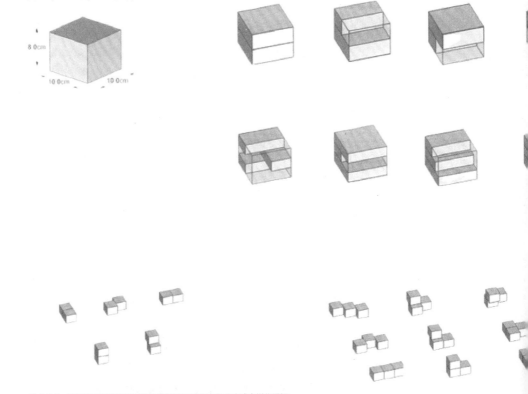

图 2-2-2　模块单元空间利用多样化及模块单元数量与组合方式多样化图解

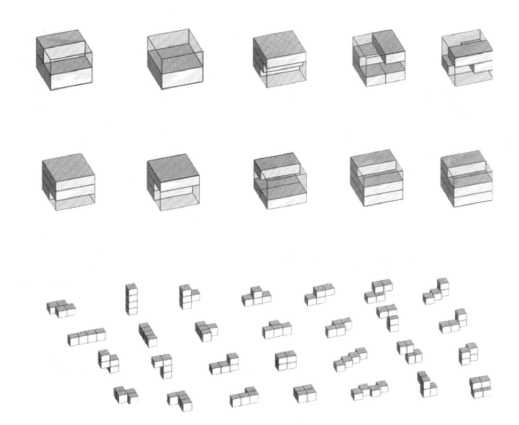

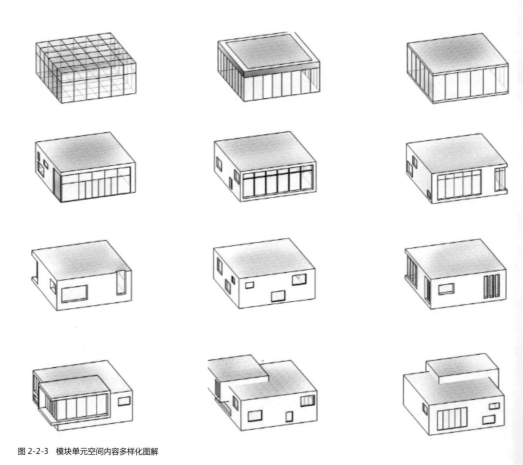

图 2-2-3 模块单元空间内容多样化图解

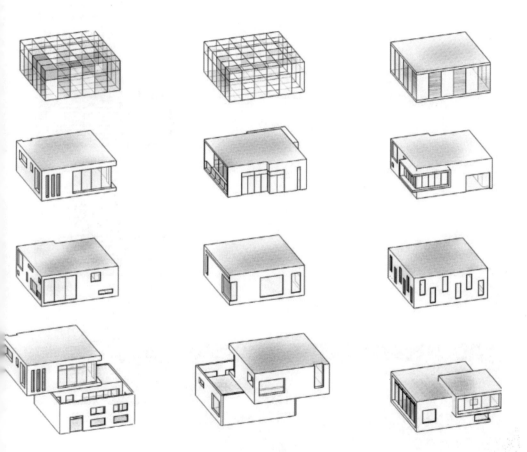

项目 XM（Project XM）2014

刘刚　施毅　高蒂·弗朗西斯卡（Gotti Francesca）

　　在处理场地与周边历史保护建筑及里弄街区的关系过程中，设计者将居住、商业、游憩广场等多种功能整合到建筑中，以适应并满足环境中的复杂活动需求，并将从里弄中提取的宜人的小尺度间隙空间序列转化运用到新建筑中，使建筑空间与历史街区产生时空上的共鸣。

　　多样化的空间功能以分层叠加的方式分布在不同的标高上。多样性的功能要求空间形态的多样性与之相匹配，方案中不同标高上的空间形态特征差异明显，组织关系清晰有序，具有较高的可识别性。此外，多样化的空间直接转译成建筑造型的表达，使建筑内在的逻辑和秩序能够得到直观的视觉呈现。

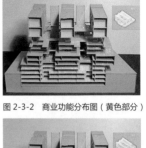

图 2-3-2　商业功能分布图（黄色部分）

图 2-3-3　文化功能分布图（黄色部分）

图 2-3-4　工作室分布图（黄色部分）

图 2-3-5　公共空间分布图（黄色部分）

图 2-3-1　模型

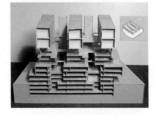

图 2-3-6　居住功能分布图（黄色部分）

图 2-3-7　形态分解形成过程示意图

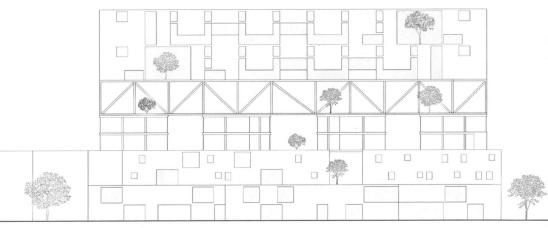

图 2-3-8　立面图

空中楼阁（Terraces in the Sky）2017

徐幸杰　马成文　安东尼奥·奇拉（Antonio Chila）
戴维·兰卡蒂（Davide Rancati）

　　场地处在历史保护街区、滨江旅游景点、现代化 SOHO 等多种城市要素的包围中，设计者希望以一种多元方式全方位地应对周围的条件与境况。

　　为了满足各种类室内功能的空间需求，方案提供了攀岩馆和酒吧等娱乐功能、办公楼及酒店等商务功能、面向游客和居民二者的购物商场，以及由保护建筑改造而成的文教类展览馆等。在建筑形态方面，方案赋予各种功能以独特的相对应的形态特征：酒吧街成角度交错逐级而上，呈现活泼的紧凑亲和的空间气氛；跨越多层高度的攀岩馆立面利用整面玻璃幕墙以保证面向滨江和对岸城市景观的开阔视野；高层酒店内设置连续的中庭空间，打破了酒店内部空间的单调性。

　　建筑中的公共空间在空间形态与内容上都呈现多样化特征，提升改善密集建筑空间的环境品质。两层高度的活动场地与滨江开放场地相连，提供便捷的连接路径和驻足逗留的场所。地面层的大尺度广场则为里弄居民提供日常性活动的使用场地。连续的屋顶花园在串联起酒吧餐饮功能的同时，提供了面向江面的观景台。

图 2-4-1　入口透视图

图 2-4-2　整体透视图

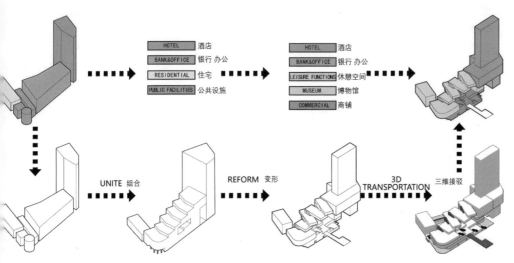

HOTEL	酒店
BANK&OFFICE	银行 办公
RESIDENTIAL	住宅
PUBLIC FACILITIES	公共设施

HOTEL	酒店
BANK&OFFICE	银行 办公
LEISURE FUNCTIONS	休憩空间
MUSEUM	博物馆
COMMERCIAL	商铺

UNITE 组合

REFORM 变形

3D TRANSPORTATION 三维接驳

图 2-4-3　功能分析图

高密度（High Density）2017

施雯苑　朱浩瀚　孟吉尔　毛里齐奥·里索（Maurizio Risso）　劳拉·法米（Lora Fahmy）

　　方案依循原有里弄的空间尺度，沿场地长边方向分解连续的建筑体量，化解巨大的建筑体量给周边城市环境带来的压迫感，形成体量与空间的多样化以及人性尺度和亲近性，赋予不同的体量分段以风格的整体统一但又各自存在变化的建筑形式和功能。在主要的建筑立面上参考周围历史保护建筑的比例进行细分处理，追求与外滩建筑群立面的整体风貌和谐，并通过嵌入玻璃体量、建立色彩浓郁的空中连廊等空间操作以增强建筑的时代特性。多样化的空间之间彼此默契共存，清晰阐释了在多样性目标指导下的建筑应变方法。

　　在功能层面上，方案将原来分散于不同的城市用地上的社会功能融合于一栋建筑内，通过垂直立体的方式在空中叠置。城市巨构的多样性包容了功能和空间的多样化，尤其公共空间的多样性，体现高密度条件下建筑丰富、便利与高效的多样性价值。

图 2-5-1　总体透视图

图 2-5-2　体量及功能布局的分解示意图

巨构综合体（Mega Complex）2014

冷鑫　邓力　李修然

　　设计者意图在方案中倡导紧缩集约的城市发展模式，以避免一般粗放式水平扩张的城市发展模式，造成不同用地和不同功能的建筑间相互孤立。以城市空间的多样性作为建筑空间以及形体设计的原型依据。方案通过范式转变，试图在竖向维度上将它们整合起来，并建立相互间的联系。利用建筑巨大体量的优势，创造多样性的空间形态组合，使建筑更具备城市多样化特质，以容纳多样性的活动。

　　丰富的建筑实体形态呼应了内部活动的多样性。有节奏地堆叠收放的块状体量形态处理使得建筑的丰富度和复杂性都大幅增加，这与多种功能复合、强调空间体验的综合体特性相互促进，共同构成极具趣味性和探索性的空间内容。

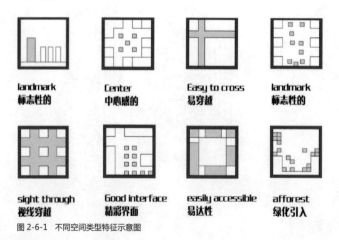

landmark
标志性的

Center
中心感的

Easy to cross
易穿越

landmark
标志性的

sight through
视线穿越

Good interface
精彩界面

easily accessible
易达性

afforest
绿化引入

图 2-6-1　不同空间类型特征示意图

图 2-6-2　竖向功能分布示意图

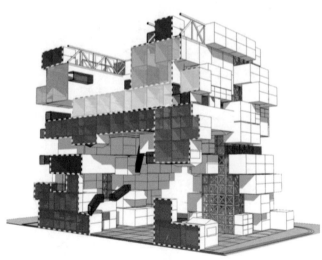

图 2-6-3　三维功能及空间与体量分布图解

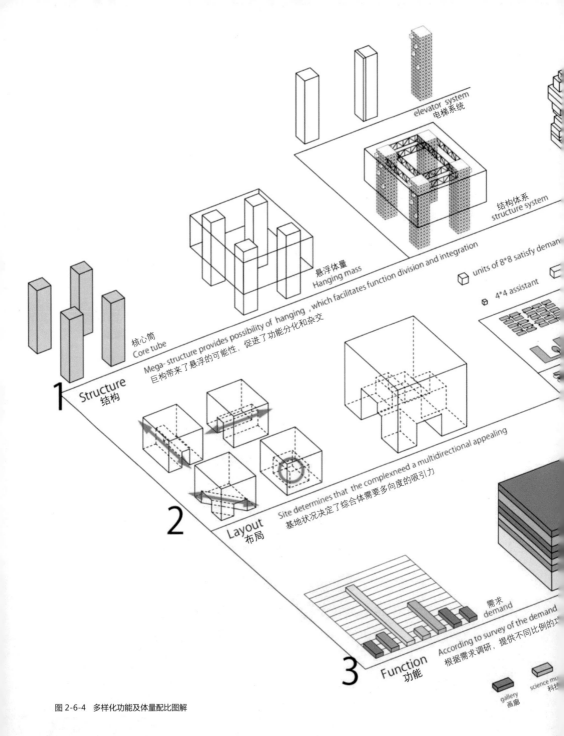

elevator system
电梯系统

结构体系
structure system

悬浮体量
Hanging mass

units of 8*8 satisfy deman

4*4 assistant

核心筒
Core tube

Mega- structure provides possibility of hanging , which facilitates function division and integration
巨构带来了悬浮的可能性，促进了功能分化和杂交

1 Structure
结构

Site determines that the complexneed a multidirectional appealing
基地状况决定了综合体需要多向度的吸引力

2 Layout
布局

需求
demand

According to survey of the demand
根据需求调研，提供不同比例的

3 Function
功能

gallery
画廊

science mu
科技

图 2-6-4　多样化功能及体量配比图解

42

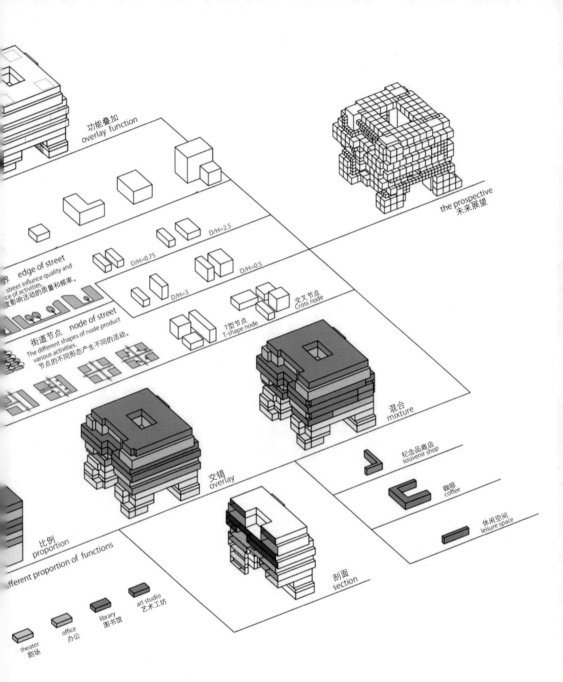

功能叠加
overlay function

the prospective
未来展望

边界 edge of street
street influnce quality and
ce of activities.
度影响活动的质量和频率。

D/H=2.5

D/H=0.75

D/H=0.5

街道节点 node of street
The different shapes of node product
various activities.
节点的不同形态产生不同的活动。

D/H=3

交叉节点
Cross node

丁型节点
T-shape node

混合
mixture

纪念品商店
souvenir shop

交错
overlay

咖啡
coffee

比例
proportion

休闲空间
leisure space

ifferent proportion of functions

剖面
section

theater
剧场

office
办公

library
图书馆

art studio
艺术工坊

亲近性

3

亲近性原理

亲近性原理是指处于城市高密度环境中的建筑利用密度的优势和价值，为使用者提供具有亲近性品质的空间和场所。亲近的直接解释是"亲密的接近"，亲近性的建筑空间和场所具有亲和力，产生亲近感，人们愿意接近，乐于使用、欣赏并停留。具有亲近性的建筑空间与场所能够鼓励、促进人与人之间的接近和交往，从而达到交流、沟通、增进情感和友谊，最终建立亲近的人际关系的目的。多样性依赖于建筑容量和密度，亲近性则必须以密度为前提，离开了密度（一定程度的高密度）的空间无法产生亲近感。亲近性原理包含了建筑空间物质环境和"内容"的亲近性。

如果说多样性是城市繁荣的秘诀，是实现建筑资源集中、便利和高效以及维持建筑生存与活力的保障，那么亲近性则是城市生命力的诀要，是创造人性的、可接近的、亲和宜人的建筑空间和场所的根基，并赋予建筑以亲切与活力。多样性和亲近性是一对复合的品质，多样和丰富的品质增加建筑空间和场所对人的吸引力，从而也就增加它的亲近性。

亲近性也是城市的诉求。人与人的接近可以增加交流与相互影响的机会。高密度城市以多种形式展示的城市亲近性品质是人们喜欢生活其中的原因，人们以马斯洛的需要层次理论参与城市的多样性之中，并在城市中获得各层次的需要，城市的高密度所塑造的多样性提升了城市的亲近性。

高密度为城市的亲近性提供了环境条件，建筑同样具备获得亲近性品质的基础以及诉求亲近性品质的理由。对建筑而言，亲近的空间和场所是建筑品质的本质，也是建筑人性化的诉求，人们愿意接近并乐于使用的建筑才具备存在的价值和意义。就高密度环境中的建筑而论，它的亲近性正是因密度而得到的补偿。虽然高密度环境更有条件创造亲近的物质环境，从而创造其中亲近的活动和行为；然而处于高密度环境的建筑较难拥有开阔室外空间和更易接近自然环境的能力，因此它更需要获得某种空间品质的补偿，塑造亲近的空间和场所，从而缓解可能产生的拥挤给人带来的消极影响。

无论在任何情况下，建筑室内外的生活都比空间和建筑本身更根本，更有意义。[1]

这是丹麦城市设计学者杨·盖尔（Jan Gehl）在《交往与空间》中的一段文字，其实质是注重建筑或建筑

1 杨·盖尔:《交往与空间》(何人可译)，北京，中国建筑工业出版社，2002，第33页。

空间中的"内容"，也就是建筑空间或场所中人的活动与行为的亲近性。交往与行为需要亲近的距离，也就是说需要提高空间密度，在较高但适当的空间密度条件下才能产生融洽亲和的人际交流和关系。处于高密度环境中的建筑有条件和优势为其中使用者产生亲近的行为和活动提供物质环境保障。

人在与人的交往中都会有意识地利用距离因素。在建筑空间和场所中，人的行为亲近性可以投射到建筑空间和场所，具体表现为对于建筑尺度的感受，这是亲近性原理在建筑空间和场所中的反应。高密度环境下的建筑中具有亲近性的内容影响到容纳这种内容的容器——建筑物质环境的亲近感受；处于紧凑环境的建筑空间中活动的人群都可以在很近的距离之内体验到空间形态、建筑材料和细部，以及这些建筑要素所反映的人性化尺度，从而感受到空间和场所的温馨及亲切宜人。反之，如空间大而无当，失去了人的尺度，那么在其中的经历也就索然无味。

层叠都市 (Layered City) 2011

王欢欢　陈晔　李一纯　伊莎·卡拉 (Isa Carla)

　　基地同时面对有限的用地条件和优秀的滨水景观资源。设计以层叠的方式组织功能，提供大量公共服务、商业、办公和公园等城市生活所需的内容。由于紧邻历史里弄街区，处理庞大的城市综合体体量与周围历史保护建筑及里弄街区的关系时，选择将建筑体量的中部向城市和使用者打开，消解巨大体量带给人们压迫感，创造出了具有亲近感的、尺度宜人的空中城市公园，表达对周围城市环境视线的友好性，并为周边居民和游客提供放松交流的场所。

　　在架空的体量中，穿插布置空中花园，为使用者创造更多交流机会，提高了公共空间的亲近性。建筑中的空中花园与屋顶花园一起强调了建筑的开放感，展示出亲近友善的建筑特质和亲和的场所感。

　　抬升公园获得开阔视野的同时，也关注了可达性，以层层抬起的一系列绿化平台减少与街道的空间突变和距离感。范围涵盖了整个建筑用地的公共绿地，为城市提供呼吸空间，并促成城市开放、公共空间的渗透性和整体性，同时也为周边的建筑和邻近的城市空间打破了视觉阻断，为周围邻里获得良好的视觉景观提供了条件。

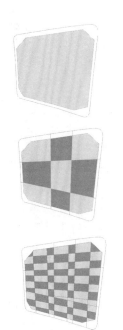

图 3-2-1　大尺度细分成小尺度的过程图解

图 3-2-2　底层平面图

图 3-2-3　空中花园透视图

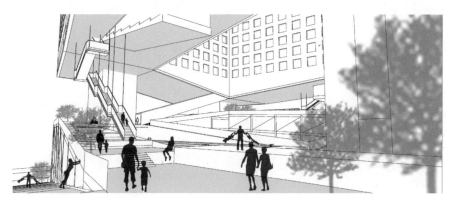

图 3-2-4　三维开放空间透视图

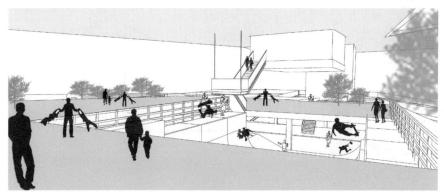

图 3-2-5　空中花园透视图

河畔平台（Riverside Terraces）2011

马克西米利安·塞德尔（Maximilian Seidl）
本杰明·米尔鲍尔（Benjamin Muhlbauer）

　　建筑基地与历史里弄街区比邻，与之相望的是城市地标性建筑上海大厦（原百老汇大厦）。本项目中的两幢建筑采用坡状的形体，以示对地标建筑、沿河景观的尊重。保证周边居民、路人的景观视野，同时通过坡状形体和置入的开放空间，切分、削弱了建筑自身的体量感，在尺度上令人更乐意接近和驻足。

　　公寓顶层创造了多标高的屋顶院落，在高密度的居住环境下提供宝贵的户外空间和开阔视野，降低密度带来的紧迫感。凹凸错落的飘窗赋予原本平淡的住宅立面以韵律节奏，在街道行人的视角上弱化了建筑的整体感，以达到对外部街道细节和尺度感上的友善，提升亲近性。

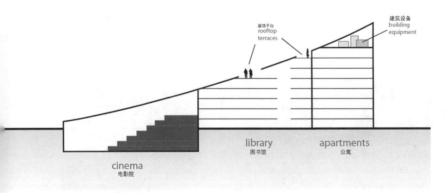

图 3-3-1　剖面示意图

图 3-3-2　屋顶平台透视图

图 3-3-3　沿街局部透视图

滨江高密度发展（High Density Development at the Bund）2012

安妮·亨克尔（Anne Henkel）　李科璇　刘敬

　　基地处于历史街区，与高楼林立的现代城市风貌并存，且位于城市街区与滨水空间之间。设计者意图将建筑作为城市生活的节点，将建筑完整的大体量部分架空在高处或是置入地下层，而将贴近行人和居民的地面层及其上几层作为开放空间。通过开挖、掏空、悬挑等多种手法，在巨大体量的内部创造出了层次丰富、尺度宜人的公共空间。空腔部分由北向南扩大，配合以平面中心位置上下贯通的光井，保证绿地等户外活动空间的日照。

　　在上部的建筑体量中，大量的退台为高处的居住单元配置了户外庭院，建筑形态处理为高密度的居住环境削弱了压迫感，因此增加的户外视线上的互动机会，促进了居住生活中的交往与人情味。

图 3-4-1　三维公共空间概念图解　　　　　　图 3-4-2　公共空间三维竖向伸展概念图解

图 3-4-3　三维公共空间透视图

图 3-4-4　屋顶户外庭院局部透视图

分解高密度（Decomposing the High Density）2012

王佳文　鲁斯科尼·斯特凡尼亚（Rusconi Stefania）
梅里·贝妮代塔（Merli Benedetta）

　　方案以 8m×8m×4.5m 的空间单元作为像素粒子，整座建筑犹如由数量众多的像素粒子聚集组成，根据日照、视线、绿化、通风等因素增减调整单元数量，达到了建筑体量消解与生成。建筑内部的巨大空腔可适用不同的大型活动，成为一个富有活力的公共场所。

　　建筑上部减去的单元空间创造了不同标高的空中景观平台及公园；中部减去的单元空间开拓出的公共空间上部具有覆盖，且尺度亲和宜人、通风良好；下部错落的单元则增强了建筑细节的人性化尺度，并增加了可达性，也增强了亲水性。

图 3-5-1　整体透视图

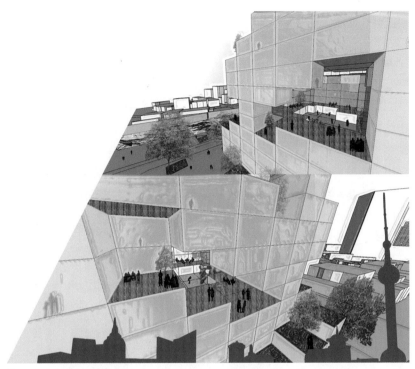

图 3-5-2　空中景观平台局部透视图

图 3-5-3　空中景观平台俯视图

巨构综合体（Mega Complex）2014

冷鑫　邓力　李修然

城市中的生活方式和功能组合复杂多变，方案试图将这种复杂性融入建筑之中，并协调建筑的庞大体量与外部城市空间的关系。建筑依据各类型功能的空间比例，采用分层的方式分解体量，再根据结构和使用方式将各层分解为更小的体块。以规律性不强的碎片化方式，营造出一步一变的纷繁空间场景，让使用者感知尺度亲近的体块，削减了建筑本身带给人的整体感和压迫感。

将主要开放空间设置在地面层，并与路面处于同一标高，增加人群穿行的行为倾向与便利，多段连续的自动扶梯增强了地面与其上数层楼面的联系，穿行和到达的便利性以及碎片化紧凑宜人的尺度大幅提升了建筑的亲近感。

图 3-6-1　分层分解建筑体量局部透视图

图 3-6-2 地面主要开放空间透视图

生长的单元（Growing Unit）2015

张黎婷　陈奉林　吴丽群
米歇尔·拉蒙塔纳拉（Michele Lamontanara）

　　该项目需要同时考虑周围的里弄居民、外来游客以及 SOHO 办公人员，意味着建筑需要提供足够的复合功能。为此，设计者选择灵活可变的、具有弹性的空间模式作为回应，希望在使用中可以随着时间调整，以保证建筑的使用效率。

　　方案以"空中主街"为主要概念，利用框板结构创造了大量的空中平台、街道及花园，使人们在不同标高都能感受到城市街道、绿地、广场以及一至三层建筑高度的宜人尺度和亲近体量感，同时又不失高层建筑的空间效率及良好景观。空中开放的室外平台还为周围的历史保护建筑与街区提供了视野，使用者在建筑范围内和周围的人群互相可见，产生交往互动，更拉近了彼此的距离。

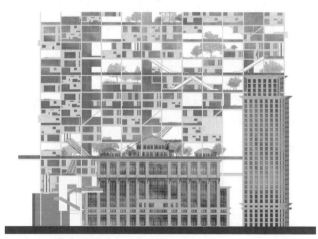

图 3-7-1　主立面图

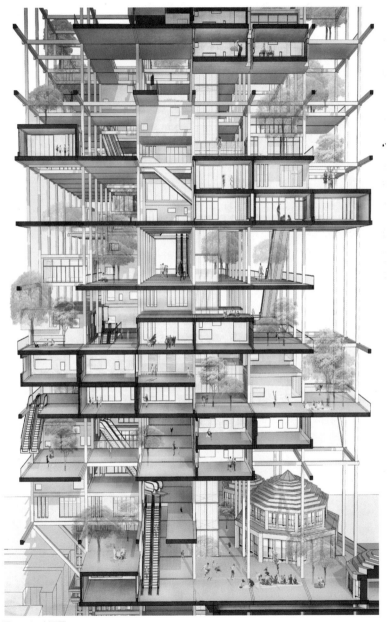

图 3-7-2　剖面图

城市的间隙（Gap in the City）2017

张冬卿　　邱鸿宇　　瓦雷西·爱丽丝（Varesi Alice）
彼得拉·卡特琳娜（Pietra Caterina）

　　方案综合采用多种亲近性手段，如具备亲和尺度和围合度的架空、退台、悬挑、体量消解等，在此基础上，增加了特殊的手法使空间更为宜人。例如植物元素的运用，根据植物习性及景观需要，挑选了紫藤、女贞、塔松等，缓解柔化了钢筋混凝土建筑给人带来的冰冷感与排斥感；根据基地景观条件，在墙面上使用了框景的造景手法，在隔绝外界噪声与污染的同时创造了更加接近人体尺度的景观视窗。

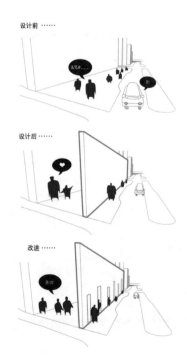

图 3-8-1　空间划分前后的分析图解

图 3-8-2　内部公共空间透视图

图 3-8-3　内部公共空间局部透视图

空中空间利用 4

空中空间利用原理

　　所谓空中空间利用原理是指在地面上空为建筑找到栖身之地及可利用的空间，并且在复制建筑空间之后仍然能够保持一定的建筑空间品质。空间是建筑的本质要素，获得了空间的建筑才有可能实现其他构成功能和目的（图4-1-1）。

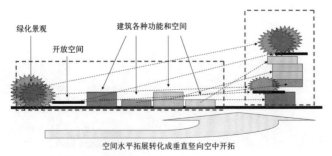

绿化景观　　　　建筑各种功能和空间

开放空间

空间水平拓展转化成垂直竖向空中开拓

图4-1-1　空中空间利用原理示意图

对于几乎所有处于高密度环境的建筑来说，需要的是空间，缺少的也是空间。城市高密度环境的根本问题源于用地的有限，如何在有限的用地上寻找并创造可利用空间？

建筑在刚性边界用地上寻找可利用空间，不外乎垂直立体向两个方向发展：一是往上拓展空中的空间，在空中复制建筑空间以增加建筑容量；二是往下挖掘地下空间，开拓地面以下的空间以获得更充分的空间利用。但是受制于人类需要日照、采光、通风、视线、视野等生理和心理要求，空中寻找可以利用的空间成为首选的途径。处于城市高密度环境下的建筑几乎没有选择，只能朝向天空挤压伸展。

空中空间利用原理是城市高密度发展中建筑最基本的一种原理，是其他原理的前提和基础。离开了空中开拓空间和利用空间，其他的诸如"三维立体""杂交与共生""空间补偿"等原理都将难以实施。

空中空间利用原理旨在阐述密集的城市高密度环境中，或是在有限的用地上，如何在水平扩张受到限制的条件下，在用地的上空找到切实可用并具有品质的各种空间，包含建筑空间和城市空间，为各种功能提供建造环境。

筑巢（Nesting）2010

白科佳　曾昊　任慧娟　丁曦明

　　方案是在城市新区的既存路网骨架之上的建筑填空实验，亦是在复杂社会因素推力下打造城市高密度环境新地标和重塑成都传统街巷生活场所的双重探索。

　　为了使街区能够承载更多容量达到高密度发展的要求，以具有扩散生长和共面特征的六边形作为基本空间单元，模仿蜂巢有机生长的概念，大幅增加了垂直方向的容量，并形成三条贯穿巨型构筑的飘浮的空中街道。为高密度城市环境新增大量居住容量的同时，在空中增加街道与连廊，实现建筑单体与城市在空间、时间和视觉关系上的开放性与连续性，提供了充分的供社交、公共活动使用的空间和绿地，以确保居住环境的品质。

　　蜜蜂是一种具有社会性的群居生物，生活在高密度且具有稳定结构的蜂巢中。蜂巢的六边形结构有很强烈的秩序性和无限增殖的可能性。蜂巢的组织方式是以一个六边形的中心空间去组织周围与它相似的空间，其结果就是产生了一个中心面，而不是中心点，可以很好成为建筑中的核心空间来组织建筑内部的社会生活。

传统街区拥有丰富的生活内容和热闹的生活氛围，但随着城市快速发展，街区必须承载更多容量，形成高密度街区面临高密度的要求 ➡ 功能和容量急速增加 ➡ 塔楼出现，垂直向的建筑 隔绝了原有水平向街区的城市生活，使人们困于一个个独立于城市环境的孤立体 ➡ 方案设想在在空中增加街道和连廊，保障塔楼间仍然会有社区交往和公共活动 ➡ 打破单纯水平和竖直方向的限制，创造多层次的社区生活

图4-2-1　两维平面向三维空间转化图解

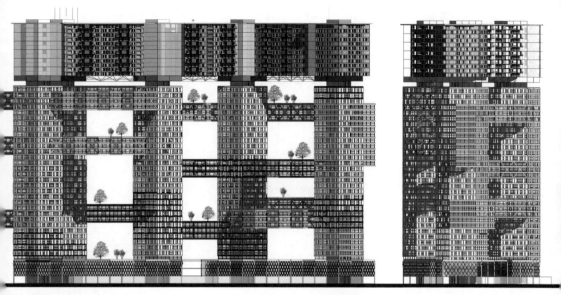

图 4-2-2　沿街主立面图

图 4-2-3　三维空间形态图解

生长的单元（Growing Unit）2015

张黎婷　陈奉林　吴丽群
米歇尔·拉蒙塔纳拉（Michele Lamontanara）

　　为复杂多样的城市环境提供复合功能作为对环境的回应的同时，城市综合体中置入了大量的空中平台、空中街道及空中花园。通过可变的、丰富的功能和空间形式，创造出富有活力、人际交往密切的建筑空间，拉近人们之间的距离，更好地发挥作为公共建筑和公共活动场所的功能和意义。

　　在此基础上，建筑对空间的需求较普通综合体大幅提升，体量高大的建筑以蕴含想象力的形式展示了空中利用空间模式的壮观场面，通过较为理想化的空中网络框架空间叠加组合的设计，展示了空中空间利用的巨大潜能，也表达了解决土地稀缺与空间需求之间的矛盾的可能性。

图 4-3-1　整体透视图

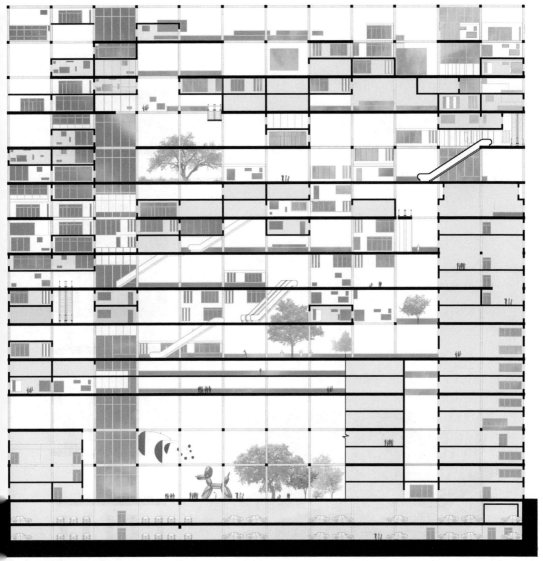

图 4-3-2　剖面图

空中聚落的乘法（Cluster in the Air）2010

李荣荣　原潇健　于斌　张豪　陆梦

在城市化的高速进程中，人们渐渐失去了那种根植于大地，被自然环境围绕的居住环境，有限的近地空间已经越来越无法容纳城市的扩张需要，促使城市向空中拓展。

方案以宣言式的巨型构筑（Megastructure）作为载体，提出高密度发展的建筑应变构想，犹如刺穿地表的倒锥形的建筑体量是极限式发挥高区景观优势、还原地面原始品质的概念物化结果。除了大量的在空中复制单纯使用空间之外，还在空中以"空中住区"的形式，复制了其他空间包括公共空间、开放空间，甚至城市社会功能空间，以实现土地利用的最大化和地面空间的乘法。

在高密度居住环境中，居住空间难以达到低密度环境中的品质。方案通过在空中创造出新的原始地面，在高密度环境下复制城市用地空间。

在处理次级地面承载的居住空间时，采用聚落式的住宅布局，尝试还原与原始地面相同品质的住区。

功能分区

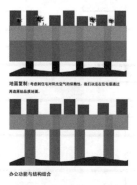

地面复制：考虑到住宅对阳光空气的依赖性，我们决定在住宅屋通过再造原始品质地面。

办公功能与结构结合

柱子上大下小，减少结构跨度

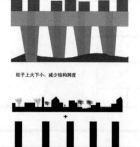

相当于我们向上复制了一个街区

图 4-4-2　竖向功能分区及分析图解

图 4-4-1　局部透视图

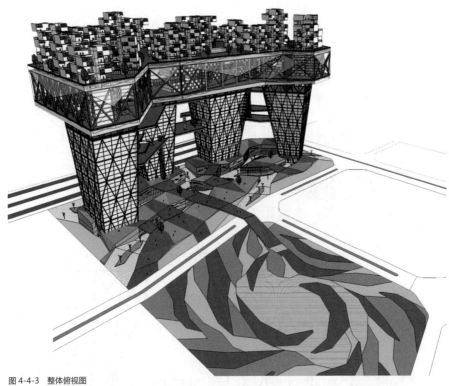

图 4-4-3　整体俯视图

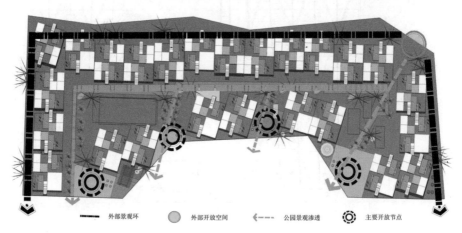

外部景观环　　　外部开放空间　　　公园景观渗透　　　主要开放节点

图 4-4-4　顶部次级地面空间布局结构分析示意图

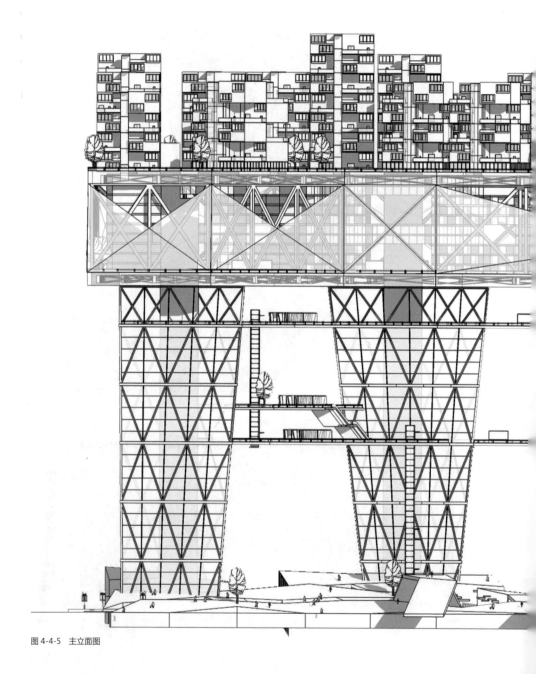

图 4-4-5 主立面图

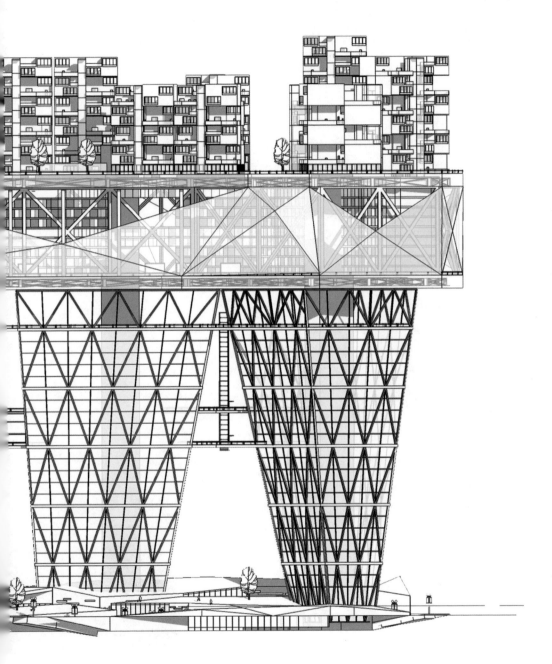

城市之眼（Eyes of the City）2019

邬昊睿　陈诗韵　加藤隆司

　　方案基地位于上海外滩滨江区域，场地拥有景观优势的同时却伴随着地面可用空间局促的问题，方案通过空中空间利用的设计策略，增加建筑可用面积，充分利用滨江景观面的场地优势。

　　将部分悬挑的巨大矩形体量置于建筑的塔楼与裙房之间，连接商业公共空间与居住办公空间的同时，作为不同区域之间的开放性过渡空间，通透开放的玻璃墙面不仅打破了中山东路沿街的封闭界面，而且为内部的活动展览提供了良好的景观视野。通过错落变化的平台组织内部的空间与功能，竖向空间不仅获取室外景观以提升空间品质，并产生了大小尺度不同空间层次与节奏体验，实现了大尺度的公共空间到小尺度的私密空间的自然过渡。

　　"城市之眼"不仅在城市地面的上空提供了欣赏黄浦滨江的竖向景观平台，同时也在空中向沿街的人流展示了建筑内部的丰富空间和活动，提高了作为公共商业建筑的招揽性和开放性，因此"城市之眼"欣赏的不仅是外部的江景，同时展示了内部的城市生活，达到内外空间的对话和共生。

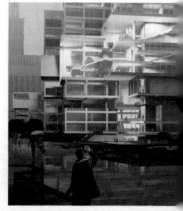

图 4-5-1　沿街透视图

图 4-5-2　沿江整体透视图

图 4-5-3　内部空间效果

图 4-5-4　局部透视图

垂直街巷（Vertical Street）2019

曹冬　尚伟文　邱大卫（David Qiu）

　　由于滨江用地空间的宝贵和局限性，方案将原本水平方向上的街巷网络延伸到空中的室外平台，空中扩展了城市公共空间在满足漫步和流动性要求的同时，也在有限的用地上获得了更多的景观面，创造丰富空间体验并充分利用了空中空间的良好视野。

　　垂直方向上错落的建筑体块创造了连续丰富的空中公共空间，沿街通透的建筑表皮展示了内部丰富的室内空间，提升了建筑的开放性与公共性，垂直叠加的空间不仅获得了竖向的景观视野，同时也作为建筑的标志性空间，凸显建筑内部的丰富活动和多样的使用功能，实现了建筑内部使用者与城市街道行人间的视觉互动，增加了建筑沿街的空间活力以及自身的招揽性。

　　在高密度的城市环境中，方案通过大量的次级地面发展了城市上空的步行空间，空中的街巷在充分利用有限用地的同时，创造了连续的高品质开放公共空间，为垂直向度上的空间设计提供了一种新的启示。

图 4-6-1　整体轴测图

图 4-6-2　沿街透视图

图 4-6-3　局部透视图

76

图 4-6-4　空中连廊透视图

图 4-6-5　沿江公共空间内部透视图

三维立体 5

三维立体原理

三维立体原理，是指建筑功能和空间无法用传统二维平面结构组织，而以三维立体的空间结构完成各功能和空间之间的组构和连接，在有限用地上开拓空间，并构筑品质优良且各部分协调运作的建造环境，达到便利、高效和集中的效能。

这一原理体现了垂直都市主义的观念。所谓"垂直都市主义"，意为城市视角下的二维平面基础上增加了第三垂直向度的建筑与城市环境的整体观念。因高密度发展中涉及的建筑是处于城市中的建筑，离开建筑周围的城市环境也就失去了其密度的概念和意义，故以垂直都市主义的观念强调三维立体原理的垂直向和都市性。后文的整体都市主义概念也具有同样的所指，只是更强调它的整体性。

在城市高密度环境中，建筑必须接受主要向空中拓展空间时，三维立体空间结构势必作为一种主要方式，解决建筑寻求空间、自身功能和空间的复杂关系，以及与城市环境的协调共生的问题，并将替代二维平面结构。在城市高密度地区，由于土地资源的有限性，以及紧凑复杂的城市环境，二维平面结构不仅不能使建筑获得更多的空间，而且会造成自身功能和城市功能都不能有效实施。作为城市高密度环境下的建筑应变方法，传统的二维平面观念被三维立体理念所替代是必然的逻辑结果。

三维立体原理的基本思路是向天空和地下垂直竖向三维拓展功能和空间，在三维的空间坐标中，化解各种矛盾，并建立立体形态系统。其指导思想是建筑功能和空间的多维度组构、布局和综合利用。这种空间结构较好地运用了多向度叠加、悬挑、飘浮等手法来整合建筑及周边环境，促进土地使用的集约化，实现分合有序、集中高效和便利的目标。

如果说，空中空间利用原理是应对城市高密度环境的建筑最基本的原理，那么，三维立体原理事实上是一种形式原理，在以三维立体的空间结构形式解决高密度环境中建筑的空间布局和功能安置的同时，其他的原理通过三维立体形式实现它们自身的目的。

三维立体原理主要包含以下具体形式：
（1）叠加模式；
（2）悬挑模式；
（3）飘浮模式；

（4）建筑基面三维连续立体化；

（5）建筑公共空间与城市公共空间的三维接驳；

（6）地下空间的开拓。

　　三维立体原理较早是以三维化机动车交通系统和人行步道系统出现在城市之中，并以具有强烈立体化特征的交通系统所展示的形象成为当代城市步入现代化的标志。工业革命后城市急剧扩张，城市建筑密度和人口密度激增。大容量、大体量的建筑物或高容积率的摩天大楼充斥一些大城市的中心地区，并以不可阻挡的趋势争夺着城市空间，挤压着城市道路，传统的低密度城市道路的条件状态已经远远不能满足增加了几十倍建筑容量的高密度环境负荷要求。

　　面对城市高密度发展所带来的问题，诸如道路拥挤、缺乏城市公共空间，以及高容积率建筑所带来的建筑物之间联系的不便利等。城市需要有别于传统二维平面的城市公共空间和交通空间的组织模式，为高密度地区的城市超负荷运行寻找出路，三维立体原理对城市的这种要求给出答案。三维立体化意味着多层复制了原来有限的二维城市道路空间，以多层次的形式扩张了城市道路面积，也意味着将城市二维地面进行分解，并以不同高度和层次重构，创造有机网络的三维空间路径，是一种有机的、立体的、多层次的且成网络结构的城市交通系统。

　　三维立体原理打破了人们对传统城市有关城市道路在城市地面标高上的习见，除了在城市的上空找到三维空间路径之外，它在原始地面的分解也意味着在垂直方向上可以趋向相反的方向，在城市地下找到更多的利用空间。逻辑上，三维立体原理也包含城市地下空间的三维化，在地下容纳地铁、人行步道等城市交通空间、安置各种城市管线和市政设施所需的空间，甚至可以是包含城市各种功能的一座"地下城"。

三维立体原理不仅仅是解决城市交通困境的有效方法，也是城市发展所需空间的集约化途径。

广义建筑学观念认为，城市与建筑是互为依存的统一体，建筑不再作为一个孤立元素存在于城市，而是城市整体不可分割的一部分，是城市有机体的组成细胞。那么，建筑的三维立体化自然是三维立体高密度城市的衍生结果，也是必然的逻辑结果。对于处于城市高密度地区的建筑物，三维立体是它的存在形式。同时，建筑的三维立体化也需要城市以同样的形式与之相协调。

三维立体原理对于城市高密度环境中的建筑具有以下三方面价值：

首先，三维立体化可以提高建筑容量——建筑容积率，理论上只要技术允许，可以将二维平面上的功能和空间不断地在垂直方向复制拓展，可以获得"无限"的建筑空间，安排"无数"的功能。

其次，处于高密度环境中的建筑通常需要集多种多样的功能和空间于一体。以传统二维平面方式，已经无法处理各种功能和空间之间的复杂关系，尤其那些建筑综合体或城市综合体，而越来越常见的巨构建筑物更是将部分城市功能和空间融入建筑内。这些建筑已经不再是传统类型学意义的建筑物，它们甚至就是一座城市中的城市，而三维立体化模式可以有机协调建筑各功能和各空间关系。

再有，三维立体模式可以降低高密度的感觉密度。在不能改变物理密度的前提下，同一空间中，可以安排处于不同高度的空间，减少人们的相互接触，降低环境信息的输入水平，减少感觉过载，实现环境心理学所认为的降低感觉密度，最终降低高密度的拥挤感。

叠加模式

叠加模式是指建筑构成的实体要素在垂直竖向以三维立体方式叠加，完成各空间和各功能之间的连接和组构，构筑具备优良品质且各部分协调运作的建造环境，以达到便利、高效和集中。叠加模式是三维立体原理最基本和具体的一种形式，也是"空中空间利用""杂交与共生"和"空间补偿"等原理的一种实现形式。

稀缺的土地和昂贵地价与大量建筑空间的需求之间的矛盾导致人们只能通过叠加方式建造经济与技术所允许的尽可能高的建筑，以满足人们对更多空间的诉求。无须更深奥的道理就可以理解"功能和空间的叠加"可以增加人们的聚集密度，缩短相互之间的联系距离。叠加方法将建筑功能和空间竖向分区，在垂直方向上下叠置，而水平交通与垂直交通的结合使人们将原来地面上水平向的功能与空间以立体化、竖向化的方式重构，从而节约了用地，增加了效率。叠加是高密度城市环境中的建筑最常见的一种增加空间的方式。

叠加模式又可分为三种基本模式。

一般叠加模式：建筑功能和空间借助建筑构成的实体要素在垂直竖向对位叠加。如果三维空间 X 轴、Y 轴、Z 轴中分别确定水平二维为 X 轴和 Y 轴，垂直竖向为 Z 轴。那么一般叠加模式在建筑形态上主要表现为建筑构成的实体要素在 Z 轴向度以叠加特征发生垂直竖向位置变化，而在 X 轴和 Y 轴方向未发生水平向度的位移或少许位移（图 5-1-1，图 5-1-2）。

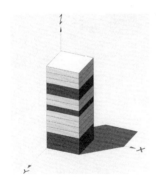

图 5-1-1　一般叠加模式示意图

图 5-1-2　一般叠加模式示意模型

错位叠加模式：建筑功能和空间借助建筑构成的实体要素，除了在 Z 轴向度以叠加特征发生垂直竖向变化以外，同时在 X 轴和 Y 轴方向也发生错位位移（图 5-1-3、图 5-1-4）。

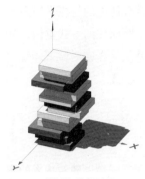

图 5-1-3 错位叠加模式示意图

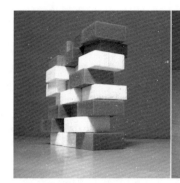

图 5-1-4 错位叠加模式示意模型

图 5-1-5 旋转叠加模式示意图

图 5-1-6 旋转叠加模式示意模型

　　旋转叠加模式：是错位叠加模式的一种特殊形式。建筑功能和空间借助建筑构成的实体要素在 Z 轴以叠加特征发生垂直竖向位置变化，并在 X 轴、Y 轴发生位移的同时，还围绕某一垂直中心轴或近似中心轴发生旋转（图 5-1-5、图 5-1-6）。

　　叠加并非仅此三种模式，事实上如果将一般叠加、错位叠加和旋转叠加进行排列组合可以产生无数种。只是以上三种基本的叠加模式具有典型性和代表性，也便于研究和分析。

悬挑模式

悬挑模式是指实体要素脱离地面层在空中从主体建筑中出挑而拥有自身空间位置并获得额外空间的方法，在建筑形态上主要表现为实体要素从主体建筑形体中出挑（图 5-1-7）。悬挑模式是三维立体原理中常见的拓展空间的方法，也是其他原理的一种实现形式。

在高密度的环境中，当一块用地因周边的密集环境，或为了提供更多的地面开放空间而制约了建筑在地面层水平方向扩展时，同时建筑沿着所允许的基底面积在垂直方向也用尽了竖向空间，那么增加地面层以上空间的唯一方法便是从建筑主体向外出挑。事实上，悬挑

图 5-1-7 悬挑模式示意模型

的做法在现代建筑中并不少见，只是在用地并不稀缺时或在建筑技术的限制下没有得到足够的重视与运用。

除了增加额外的空间外，悬挑也为出挑建筑体块下部的空间提供遮蔽，也为其上部建筑空间提供室外开放平台——而这是在高密度环境中更重要和更稀缺的空间：室外公共或开放空间。

另外，建筑新技术所支持的更长距离和更大规模的出挑建筑体量，也使建筑形态产生颠覆性、震撼性审美效果。

飘浮模式

飘浮模式是指实体要素脱离地面层，在空中以飘浮状态获得自身的空间位置，实现地面空间的开放化、公共化、渗透性和完整性，在空中创造能够为使用者提供更多水平向度的行为和运动的建造环境（图5-1-8）。

飘浮模式在建筑形态上主要表现为建筑构成的实体要素飘浮坐落于建筑支撑体或其他建筑体上，以连接、悬挂于建筑支撑体或其他建筑体等方式悬浮于空中。飘浮模式同样也是"空中空间利用""杂交与共生"和"空间补偿"等原理的一种实现形式。

在密集紧凑的高密度城市环境中，造成环境拥挤状况以及空间和社会密度高的主要原因是缺乏开放和公共空间，尤其在地面层，这是城市高密度环境所产生的弊

图 5-1-8　飘浮模式示意模型

端的主要表现。改善城市高密度环境品质的有效方法便是尽可能提供具有渗透性、公共化和开放化的地面空间场所，并促成建筑与城市公共、开放空间的整体结合。飘浮于空中的建筑释放了地面层空间，而离开地面水平延伸的建筑在空中扩展了空间的边界，将空间融入广阔的城市中。

有别于垂直竖向叠加模式，飘浮模式为结构、规模和类型所允许的建筑提供水平横向的功能和空间组织结构，一种被认为更适合人类习惯行为模式的空间场所。

建筑基面三维连续立体化

建筑基面三维连续立体化是指建筑基面从二维平面结构转化为三维连续空间结构的现象（图 5-1-9 ）。这里所谓建筑基面是指建筑功能和空间的承载面，主要表现为楼地面或水平向的建筑承载面。

事实上，如果广义地看待建筑基面的三维立体原理，那么几乎所有的三维立体原理都依赖于建筑基面的三维立体化。但是，虽然建筑基面存在于所有的建筑类型中，却又具有隐性特征，它常常隐没在建筑形态中，与其他建筑实体构成要素一起构成可视的建筑实体。

图 5-1-9　建筑基面三维连续立体化示意图

然而建筑基面三维连续立体化则是其在建筑中所担当的基础性构成要素的一种特殊形式，具有显性特点和一定的独立性，也表现为具有明显三维立体特征的一种基面形式，是独特的三维模式的一种表现形式。

叠加、悬挑、飘浮等模式能解决高密度环境中的空间拓展，释放稀缺的地面空间。这些模式虽然能成倍的复制地面空间，但是这些被复制了的空间是不连贯的。在高密度城市环境中，不易解决的难题是地面空间的拓展，尤其对于一块狭小的建筑用地，有限的地面空间是建筑发展难以逾越的屏障。另外，对于依赖于人的水平行为模式的空间和功能，连续的建筑基面是实现人的水平行为的基本空间保证。

那么，在建筑法规和规划规定的建筑用地边界内，如果需要拓展和获得连续的地面空间或者需要连续的建筑基面，以便获得更多的承载面，将二维的建筑基面三维连续立体化是最佳的方法。

建筑公共空间与城市公共空间的三维接驳

建筑公共空间与城市公共空间的三维接驳，是指二者以三维立体空间结构在垂直竖向多层面的连接，构成建筑的接近方式及与城市空间的连接路径。

接驳空间是指建筑与建筑、或建筑与城市空间的连接空间，它虽然具有交通空间的性质，但是不同于一般意义的交通空间，它是建筑公共空间之间、建筑公共空间与城市公共空间之间的过渡空间。接驳空间具有连接性、流动性、模糊性、渗透性，以及便利和高效的特点，建筑与城市两者公共空间的三维接驳其实质是接驳空间的三维立体化（图5-1-10）。

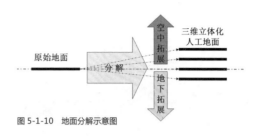

图 5-1-10　地面分解示意图

　　建筑从来不孤立存在于环境之中，它是环境整体的一个细胞，在城市高密度环境中的建筑更是这种环境有机组织的组成部分和延伸。如果将建筑与城市公共空间三维立体的空间分配和竖向多层次空间布局模式作为预设，那么在空间类型与逻辑上，需要它们之间的连接空间的三维立体化来与之相驳接和匹配，接驳空间的三维立体化正是承担了这一任务。

　　在传统低密度的城市环境中，相对简单的建筑功能和较小的建筑规模无需三维模式就可以顺利解决建筑与城市之间的交通流线组织。但是在城市高密度环境条件下，一方面，建筑以高密度、高容积率和功能的混合状态呈现在环境中，意味着原有的建筑接近方式也需要从水平向转化为多层的竖向层叠，才能满足高密度、高容积率和多功能混合建筑的交通空间需求。另一方面，高密度城市环境也要求立体多层的机动车道和人行步道满足密集、复杂的人流、车流和物流的要求。现代城市中的三维城市交通系统在某种意义上，实质是传统城市街道地面的立体竖向分解，从而达到多层次的城市交通和公共空间的复制和扩展，分解了城市公共空间地面层意味着增加了城市的街道地面空间，并延伸连接至建筑的公共空间（图 5-1-11）。

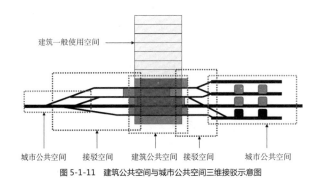

建筑一般使用空间 →

城市公共空间　　接驳空间　　建筑公共空间　接驳空间　　城市公共空间

图 5-1-11　建筑公共空间与城市公共空间三维接驳示意图

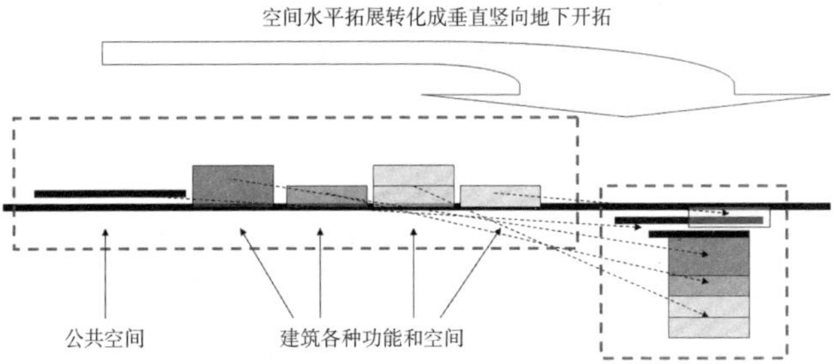

空间水平拓展转化成垂直竖向地下开拓

公共空间　　　　　建筑各种功能和空间

图 5-1-12　地下空间开拓示意图

　　在这些因素的共同作用下，建筑公共空间与城市公共空间通过地面层、地面上层、地下层多层面的三维立体竖向接驳空间完成两者的联系和对接，以满足建筑复杂功能和空间与城市空间的路径要求。

地下空间的开拓

　　作为三维立体原理的一种形式，地下空间的开拓是指对地面层以下——地下层空间的利用，是对应建筑垂直竖向向上发展的一种反向建筑行为（图 5-1-12）。

高密度催生并挤压建筑只能向空中和地下正反两个方向生长。

首先，当建筑在地面层之上所获得的空间达到极限时，那么如果继续寻求额外的空间，地下反向的空间则是唯一的选择。

其次，如果以地面层空间作为零层空间，那么围绕零层空间的上下正负层空间是建筑与所处周边环境联系最密切、最直接，也是最可公共化和开放化的空间。如果需要设置要求和地面层联系密切的功能和空间，那么地下层同样也是理想的选择。

再次，现代城市的高密度环境中庞大密集的地下城市公共交通系统和市政设施已经促成城市地下空间具有与地面空间同样的公共性意义，建筑与城市地下、地面和地上公共空间共同形成整体的三维接驳空间组织结构。

最后，地下空间的开拓作为三维立体原理的一种形式，不仅仅是空间利用最大化的一种补充，而且将占据地面层的大体量建筑空间放置于地下层，则可以提供更多的地面开放空间，对于密集拥挤环境中释放地面空间是不可或缺的一种手段。

事实上，建筑地下空间的利用并不新鲜。穴居就是远古人类最早利用地下空间的例证，当然，远古人类的穴居与现代高密度环境条件的建筑地下空间开拓有着本质区别。现代城市高密度环境逼迫建筑挖掘地下空间用作建筑的辅助设施和功能，诸如库房、设备用房、防御空间等。但更重要的是，现代建筑技术使建筑地下空间拥有与地面层近似的公共性和开放性，它容纳了具有公共性和开放性的建筑功能和空间——比如商业、展览、地下广场、动静态交通空间等，而且将城市地上地下公共空间延伸、引入建筑地下空间，从而与城市地下空间共同形成一座"地下城"。

三维立体原理并不仅限于上述多种具体模式，如果将几何体构成要素进行不同组合，就能产生无数的三维几何形态，反映在建筑空间和功能的形态上也呈现多样化，因此无法对所有的具体模式都展开陈述。

除了上述具体模式外，在三维立体原理中比较常见的还有"架空"（或底层架空），"穿插""翘起"等等表现形式，但是这些形式或多或少都可以与主要具体模式建立某种联系，甚至可看作是它们的一种衍生状态。比如"架空"和"穿插"可以认为是叠加的一种特殊形式，而"翘起"也可以看作是悬挑的一种异形。因此在论述三维立体原理的过程中，将目标限定在有限的几种具有鲜明特征的表达形式内，以此阐述具有代表性、典型性、以三维观念处理高密度的建筑智慧。

层叠都市（Layered City）2011

王欢欢　陈晔　李一纯　伊莎·卡拉（Isa Carla）

　　设计概念源于将城市以层叠的形式展现。垂直叠加的各功能层为城市提供额外的商业、公共服务、城市功能。不同层次的功能满足市民日常生活多方面的需求。在临近容量极限的条件下为城市高密度区域提供了复合型的生活容器。

　　飘浮模式使主体建筑脱离地面，"飘浮"于空中，将建筑用地最大限度地还给城市，释放出的地面空间达到最大的开放和公共化，将私有的用地转化为对市民开放的城市公共空间——城市公园。

　　除了一般形式的交通连接外，形态丰富的坡道、跨层扶梯、景观楼梯构成了多样化的交通体系，与建筑的功能空间和公园组成了自由的动线，使目的各异的使用者获得多样选择，以探索的乐趣赋予建筑。

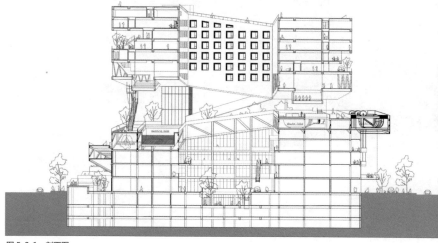

图 5-2-1　剖面图

图 5-2-2　整体透视图

巨构综合体（Mega Complex）2014

冷鑫　邓力　李修然

　　用地处于高密度条件下，受到周边的密集环境和人流量的制约。建筑留出了大面积的地面开放空间，提供了便利且令人亲近的公共空间，也为游客提供休憩场所。如此一来，建筑在地面层水平方向的扩展受到了制约。在同时保证地面空间的开放性与建筑容量的权衡下，设计采取了悬挑与架空的操作方法。

　　除了增加额外的空间外，处于有覆盖的开放空间中时，架空具有为飘浮建筑体下部的空间遮蔽阳光和雨雪的作用。架空的建筑体量从建筑边界看，仍然覆盖了整个基地范围，在限定了开放空间的边界而增加场所感的同时，地面层仍然保有部分建筑空间所提供的商业功能，使开放空间的氛围更活跃，避免了开放空间因无实质性的使用价值，而导致无人问津。悬挑的手法更为其上部建筑空间提供室外开放平台——这样的室外公共或开放空间是一种在高密度环境中更珍贵和稀缺的空间。

图 5-3-1　东立面，南立面，西立面

图 5-3-2　整体透视图

图 5-3-3　空中平台局部透视图

图 5-3-4　地面层开放空间局部透视图

过去与未来（Past and Future）2014

李纯阳　泰齐·亚历山德罗（Terzi Alessandro）
斯卡尔帕蒂·斯特凡诺（Scarpati Stefano）

　　街区位于具有特定历史意义的城市核心滨江地带，虽然有限的项目用地面积与 80m 的建筑限高条件是制约因素，但是也给空间挖掘留下了足够的自由度，而采取三维立体模式是化解高强度开发的综合体交通、空间、功能等复杂系统矛盾的必然选择。

　　方案通过环境条件、用地要求，以及一系列的功能和空间地应变推演，导出形态构成的逻辑依据，例如新建筑在演化中如何适应都市整体环境，如何解决场地上公共设施、休闲娱乐和城市公共空间匮乏的问题，以及如何完善滨江空间和处理城市的天际线等。

　　出于对容量和对周围环境影响两方面的考虑，方案突破 "裙楼与塔楼组合" 的一般高层建筑形态类型，将多数接近地面的建筑体量抬升至空中，以减少大体量的建筑实体对地面空间的占用，并创造多个错落有致、具有观景优势的空中屋顶平台，悬挑的方式形成了有覆盖的广场，为基地两侧的行人和居民提供了自由穿越街区的通道和活动场所。

　　建筑的立面设计类似一般高层建筑，但内部通过退台和多样的交通联系创造出有趣味性的空间，三维化的互相连接使得数层高的商业空间视野开阔、整体，并被大幅度激活。

图 5-4-1 鸟瞰

图 5-4-2 入口广场局部透视图

图 5-4-3　公共空间形态图解

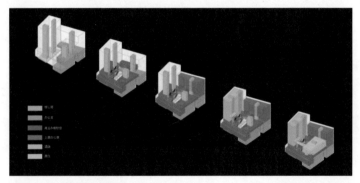

图 5-4-4　功能及空间分布图解

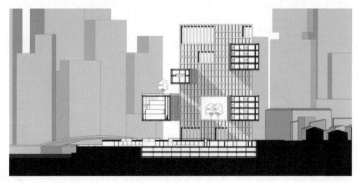

图 5-4-5　建筑剖面展示

可塑单元（Flexible Cell）2014

王玮颉　李琦　赵荣娜

　　基地的滨水景观资源以及周边区域多样化的人流构成，促使设计者产生创造内外连续、功能丰富、较原基地更具活力的公共空间的想法。建筑的基面三维连续立体化连接了建筑内外的"街道"，并串联起建筑所提供的休闲、运动、商业等各类公共活动功能，使建筑成为由三维化的街道组成的空间集合，促进了建筑内各功能的可达性和使用便利性。

　　在形体方面，方案结合了悬挑、飘浮、退台等多种手法，创造了丰富的绿化平台和活动场地。即将公共活动的景象面向街道展示，吸引街道行人，同时也保证运动功能和绿化平台获得良好的采光和景观条件。不同标高的大平台既为使用者提供了休息平台和泳池，也是视野最佳的观景场所，实现景观资源利用的最大化。

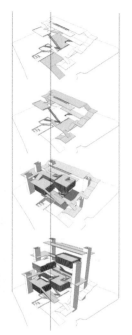

图 5-5-1　公共及交通空间系统三维图解

图 5-5-2　南立面，东立面

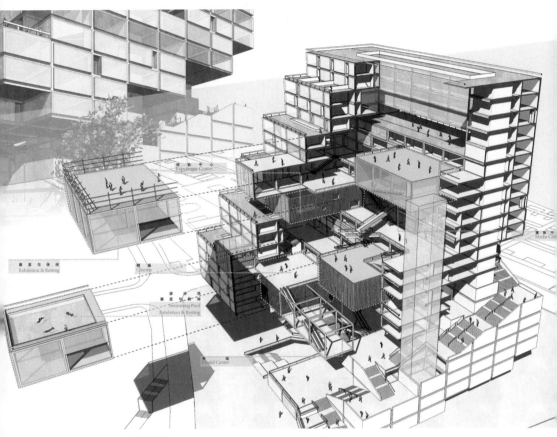

图 5-5-3　三维空间构成及功能分布图解

空中的街巷 (Street in the Air) 2015

王曲　龚运城　马蒂亚·巴里拉尼 (Mattia Barilani)

　　场地西南侧是存留相对完整的上海石库门街区，经年累月的自主营建导致的宅间巷弄的空间不断更替演变，连续的街巷中形成多样化的小尺度街巷空间。方案试图提取并转化散落在石库门街巷中的空间碎片作为设计中的空间原型，通过这样的方式使源自历史遗存的街巷形制在场地上得以延续。

　　在建筑法规和城市规划规定的有限建筑用地边界内，方案通过长条形体量以平面三角构型旋转叠加，以城市街巷作为空间原型植入长条体块内，将二维的建筑基面三维连续立体化，拓展和获得了连续易达的空间和建筑基面，为依赖地面空间和连续基面的建筑功能及空间提供更多的承载面。

　　建筑基面三维连续立体化模式为建筑拓展了有限的地面空间，在三维空间中延伸复制了连续的地面空间，事实上也是城市街道基面的一种延续。三维化的基面提升了使用空间的流通性、可达性和便利性。

图 5-6-1　空中街巷局部透视图

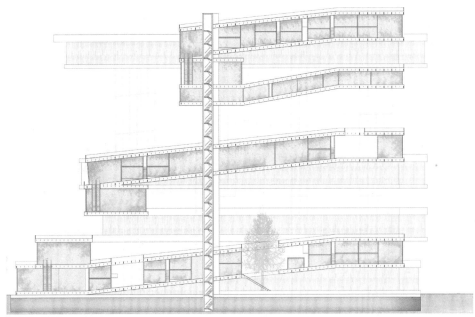

图 5-6-2 剖面图

图 5-6-3 沿江透视图

墙（The Wall）2015

卢文斌　韩佩颖
伊里塔诺·塞韦里诺（Iritano Severino）

　　方案主要解决里弄居民的通行与外来游人的涌入的矛盾，破除一般的以墙作为区隔，而以过渡空间协调两者关系，演进式探索过渡空间与建筑空间的组合关系以及过渡空间自身的空间内容，过渡空间最终呈现的是建筑近地部分在形式与功能上高度复合的三维立体空间。

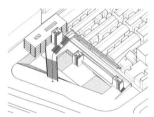

图 5-7-1　公共通道路径示意图

　　方案犹如多个城市承载面在垂直向度上的叠加，以一种直接的方式回应城市高密度发展的空间需求——在建筑投影线范围内不断地复制城市地面片段。错位叠加的模式使建筑充满形式感，而且创造了大量拥有高畅空间的平台、次级地面。处在不同高度和位置的户外公共空间互相连接，建筑室内与室外也始终保持着接触。形成的次级地面也同时与外部街道相连，获得多个标高上的三维接驳，使得建筑与外部城市环境紧密结合，促成内部功能与城市功能的对接。

　　方案参照城市以街道、街区、城区等单元互相维系形成根茎结构所支撑的整个城市的生长模式，同样采用根茎模式，既受到城市所有元素的影响，亦反过来影响城市的功能、结构，将建筑在三维层面上与城市环境融合。

图 5-7-2　地下广场透视图

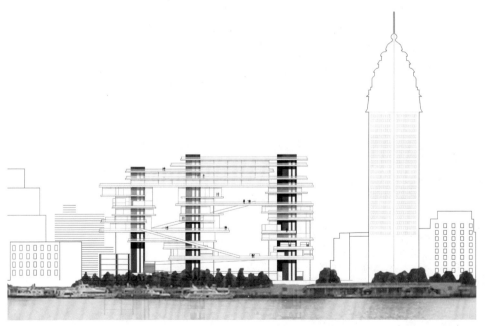

图 5-7-3　立面图

模块之眼（Modular Eye）2016

杜怡婷　王瑞坤　刘瀛泽
赞德戈・瓦伦蒂娜（Zanderigo Valentina）

　　方案希望向空中拓展，获得更多的使用空间，同时兼顾沿江建筑天际线的脉络节奏，结合了错位叠加、飘浮和悬挑等一系列操作手法，在统一模度的控制下形成层叠错落的建筑形体和多样化的空间尺度，以满足不同社会群体的需要。

　　错位叠加模式和悬挑体块的运用在建筑多处出现，分别为高层办公楼和裙房提供了丰富的空中公共活动空间和绿化景观，营造了良好的空间品质，建筑造型也具有震撼性和母题重复产生的节奏感的整体性审美效果。

　　裙房的上部采用大而整体的飘浮体量，为下层释放出了宽阔街道、底层广场和错落的空中绿化平台所需的空间，创造了良好的可达性以及视野条件。

图 5.8.1　沿江整体透视图

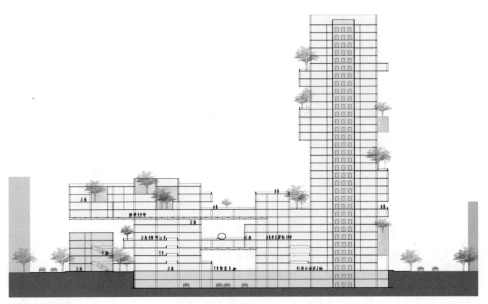

图 5-8-2　剖面图

绿色山谷（Green Valley）2017

费甲辰　何润　杨秋雁　石本晃之

　　基地位于城市中心的典型高密度环境中，调研发现，城市绿地主要分布于临近的老城区，与基地联系并不紧密。方案希望在基地范围内打造一座整合娱乐、休闲、商业、办公与酒店的地标式"城市山谷"。

　　虽然城市街道空间处于地面层，但是在面对宽阔的车行道、隔街相对的城市滨江以及附近的里弄和历史保护建筑，设计选择以三维接驳的方式密切地与周围环境形成连接。

　　设置连接桥梁排除了机动车流的干扰，方便使用者到达建筑本身以及与基地相邻的其他功能业态，同时里弄居民也可以方便地进入。连接桥梁实质是城市公共空间的延伸，在接近建筑公共空间时还采用了三维分解，通向建筑不同高度的公共空间，达到建筑与城市空间的契合。不仅作为交通用途方便步行流线，也激活了地面层以上楼层的商业价值。

图 5-9-2　三维化交通空间系统图解

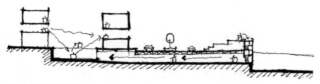

图 5-9-1　概念构思草图

图 5-9-3 三维化公共空间图解

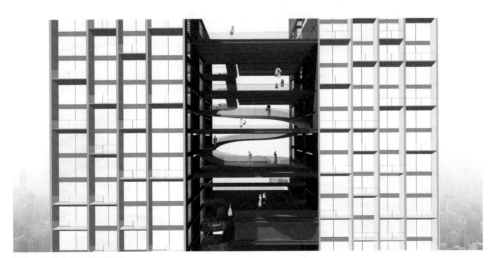

图 5-9-4 公共空间连接体图解

图 5-9-5　功能及空间分布图解

图 5-9-6　剖轴测图

都市取景器（Public Vistas）2018

罗珺琳　刘益　卡洛斯·玛丽亚·韦加·贝坦科尔
（Carlos Maria Vega Betancor）　奥斯卡·贝尔韦尔·
佩雷拉（Oscar Berbel Pereira）

　　方案概念是在高密度环境及建筑中建立过渡空间，作为城市公共空间的延伸。建筑内部的路径采用水平和垂直转换的方式，实现了建筑基面的三维立体化，多层次路径与空间的布局为使用者提供了从不同角度发现和体验开放城市空间与景观以及内部空间独特氛围的机会。由公共路径引导使用者在欣赏城市全景的同时，也能够感知建筑本体外的其他建筑群落和肌理。

　　设计者注重建筑本体与城市的联动关系，从功能联系、空间过渡、人群流动到视觉的过渡。在进入建筑主体后，建筑公共空间与城市公共空间进行三维接驳，通过漫步廊道，沿着路径空间序列，人们仍能时刻感知城市环境的变化，并且在行进过程中感受垂直向度变化的风景。漫步的廊道布置了许多尽端开敞空间和停留空间，作为其他功能空间的过渡。在各个停留空间中，人们能够聚集，进行公共活动，也能够静静地感受外滩的城市风光。

图 5-10-1　沿江整体透视图

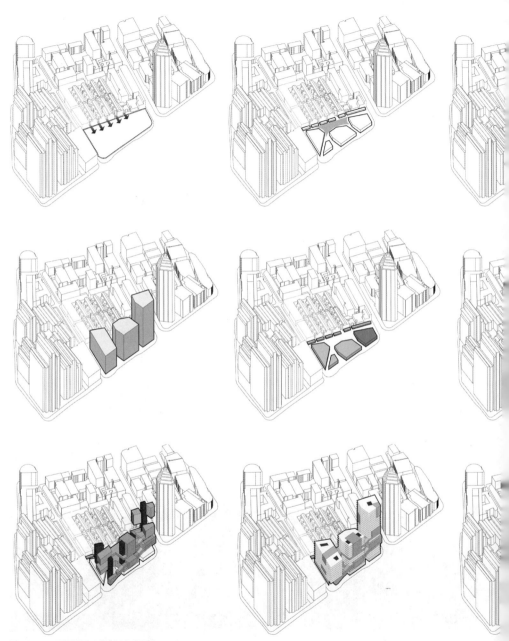

图 5-10-2　三维路径及公共空间生成图解

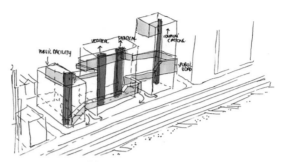

图 5-10-3　概念构思草图

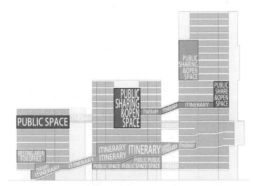

图 5-10-4　空间关系示意图

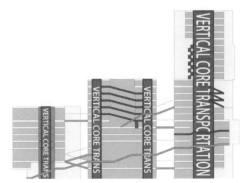

图 5-10-5　交通流线示意图

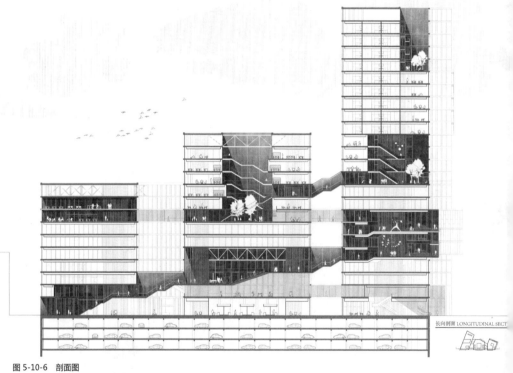

长向剖面 LONGITUDINAL SECT

图 5-10-6　剖面图

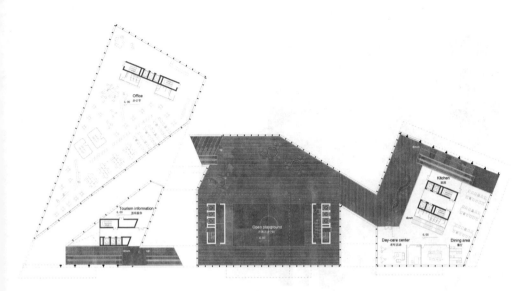

图 5-10-7　一层平面图

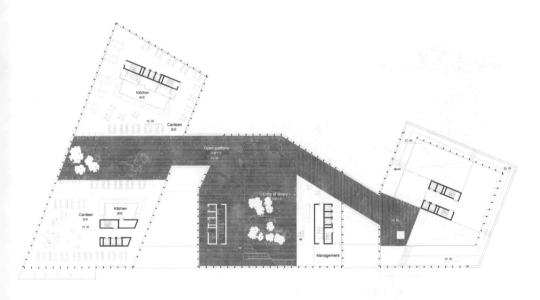

图 5-10-8　七层平面图

图 5-10-9　交通空间三维路径透视图

图 5-10-10　交通转换空间透视图

图 5-10-11　交通空间三维路径透视图

图 5-10-12　尽端开敞公共空间透视图

6 杂交与共生

杂交与共生原理

　　所谓杂交与共生原理指不同的甚至不相干的建筑以及城市功能和空间被混杂结合在一起，被包裹并相互有利与交互作用，共同存在于某建筑中（图 6-1-1）。而所谓整体都市主义意指在城市视角下的建筑与城市两者功能、空间复合共生的状态，是城市中私人利益与公共利益之间取得平衡、协调互利、相互渗透并达到共享利益一致性的观念。因高密度发展中的建筑是处于城市

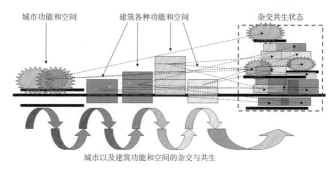

城市以及建筑功能和空间的杂交与共生

图 6-1-1　杂交与共生原理示意图

中的建筑，离开建筑，周围的城市环境也就失去了其密度的概念和意义，故以整体都市主义强调杂交与共生原理的都市性整体观，也是建筑与城市的一种复合观念。

类型学意义

杂交与共生可以作为一种结合不同功能和空间的建筑生存模式以阐释多样性和高密度，而并非一定产生新的建筑类型。但是它的一种典型的物化表现被称为杂交建筑类型。"杂交建筑能够结合不同功能，并且鼓励城市不同功能序列的相互作用，能将私密性行为结合于公共领域中。进一步说，杂交超越混合程序，这个术语也可看作在住宅、公共空间与城市设施中公共与私人利益的结合。"[1] 传统的建筑类型根据建筑的基本功能划分，比如住宅、酒店、博物馆、商店等，但是 20 世纪以来，出现了将各种功能组合在一起的趋势，产生一种混合多种社会功能的建筑类型。这看似是对类型学的冲击，实则却是根据社会需求出现的一种新型建筑类型——杂交建筑。

生存策略意义

杂交与共生源自生物学的概念。杂交的概念最初来自遗传学中不同物种的杂交繁殖。在自然生态中，杂交产生新的有机体种类，而共生成为不同有机体互利作用的生物演化机制。在城市高密度环境中，杂交与共生同样是建筑生存机制的要求，一方面它是高密度与利益最大化的产物，另一方面它又是多样性原理的具体表现形

1　HYBRIDS I. *a+t*, 2008, (31): p3.

式。稀缺的土地和昂贵的地价需要高强度地使用土地，以满足各方利益，并对可持续发展作出贡献，这意味着需要将不同的建筑功能集中于一体，以缓解建筑空间需求的压力；多样性与亲近性的功能、空间的密集和便利以及私人领域与公共领域的结合有利于建筑的生存、高效和活力，并促进城市的繁荣。在密集的城市环境和有限的用地中，在经济利益、社会和政策的综合因素作用下，建筑寻求功能混杂结合的方式以解决土地稀缺与社会需求、经济利益的矛盾。混杂的建筑功能必须以共生的方式存在，才能促使不同功能的交互作用，并达到互利。杂交与共生是复合的概念，两者互为依存。

效能和特征

作为一种具有类型学和生存模式意义的建筑应变方法，杂交与共生的主要效能 [1] 表现为以下六个方面：

（1）集中、高效和便利；

（2）多样性原理的物化表现，混合不同的功能和空间，并使之互为依存、交互作用，达到互利、互补、共生的状态；

（3）整合私人领域与公共领域；

（4）开放性与公共性；

（5）土地利用的集约化和最优化；

（6）催化并激活建筑与城市活力。

杂交与共生的主要特征表现为以下两个方面：

1 效能在这里是指：效用、功能和能力。

（1）不同的功能和空间以无尽的组合形式存在于建筑中，没有固定的组合模式，具有个体建筑师创作的自我实现的特点；没有预先的范本，创新的概念，基于常规功能的结合、新奇的解决方法和不可预期的功能混合。具体表现为功能和空间的混杂、综合、集中的状态，具有混杂性、综合性和多样性特征；伴随着城市中存在着的并置的、不可控制和不可预见的功能流变，又表现出模糊性和可变性的特征。

（2）功能和空间因包含了城市公共空间和社会功能，而具有开放性和公共性、渗透性和可达性的特点，并在使用时间上扩展至每天 24 小时，这意味着不间断的行为不能被私人和公共节律所控制，表现为使用时间的多样性特征。

杂交建筑

杂交与共生是高密度的一种生存方式，它直接催生了新的建筑类型——杂交建筑。

斯蒂文·霍尔（Steven Holl）和约瑟夫·范顿（Joseph Fenton）在《杂交建筑》（*Hybrid Buildings*）一书中阐述了他们对杂交建筑的认识。在研究比较传统建筑类型与 19—20 世纪之交在美国出现的空间、体量、形式和功能的"杂交"组合方式的高层建筑后，提出了杂交建筑的概念。他们认为杂交建筑是指将各种功能组合在一起，并且导致多种社会功能被包裹在某种单纯的建筑类型之中的建筑现象。他们归类了杂交建筑的三种杂交

1　禹食:《美国建筑师斯蒂文·霍尔》，载《世界建筑》1993年第3期，第54-60页。

方式：组织结构杂交、嫁接杂交和整体杂交。[1]

　　霍尔和范顿有关杂交建筑含义的陈述表达了其主要效能和特征，但是对于杂交建筑的三种形式特征的归类则明显具有局限性，这种局限性反映在那些杂交建筑的分类只是基于最终的形式结果而不是内在本体构成。目前存在大量的杂交建筑并不能包含在上述的分类中，而是体现在更多的具有杂交共生原理运用的建筑内在构成。

　　当代建筑的发展表明，表达单一功能的建筑形式正在渐渐消失，建筑形式的现代主义功能表达和纯粹的霍尔嫁接杂交已经不普遍，建筑结构技术与表皮观念的发展允许并促成建筑的外部形象及结构逻辑与功能和空间结构分离，单从建筑外部形式无法判断这是一座杂交功能还是单一功能的建筑，这种趋势呈现在从住宅到巨构建筑几乎所有新近的杂交建筑中。

　　因此，所谓杂交建筑应该主要表现在杂交与共生的建筑构成上，而不是它的形式上。以此推断，杂交建筑是杂交与共生原理的一种物化形式表达。杂交建筑的主要特征表现在以下五个方面：

　　（1）集中、混合和共存：具体表现为功能和空间混杂、综合与集中的状态，具有混杂性、综合性和多样性特征；并且，伴随着城市中存在着并置的不可控制和不可预见的功能流变又表现出模糊性和可变性的特点。

（2）开放性与公共性：杂交建筑将城市公共空间和社会功能融入建筑空间，从而在建筑内部创造出具有城市特征的公共空间以及服务于社会生活的城市功能，产生并促进人们的交往和互动，提升了建筑在城市范畴的开放性和公共性并产生渗透性和可达性，将建筑功能和空间延伸至城市环境，达到建筑与城市环境的聚合。

（3）"全日制"建筑：杂交建筑在使用时间上扩展至每天24小时，这意味着不间断的行为不能被私人和公共节律所控制，表现为使用时间的多样性，是一种"全日制"的建筑。

（4）模糊性和不确定性：杂交建筑没有固定的模式，是一种"机会主义"的建筑，它不受固定程序的支配。杂交建筑建立不可预期而亲近的各种功能间的关系和连接，鼓励共生。杂交建筑具有个体建筑师创作的自我实现的特点，没有预先的范本，创新的概念，基于常规功能的结合、新奇的解决方法和不可预期的功能混合。

（5）大尺度：杂交与共生原理可以在任何尺度规模的建筑中运用和实施；但是对于它的一种主要的物化形式——杂交建筑，混合意味着规模，重合叠加需要高度，超越有限用地的扩展功能必须离地向空中发展，因此杂交建筑通常具有大尺度和大规模的特点。

杂交建筑作为杂交与共生原理的一种物化形式，在世界各地高密度的城市中逐渐成为被广泛接受的一种建筑类型，并且呈不断发展的趋势。它们符合严峻的土地稀缺、高地价和城市中心的密度剧增等因素所迫使的土地利用新模式，聚合表面上或传统意义上不相容的功能和空间。同时，杂交建筑创造的高密度和多样性已经作为一种有效工具，用于城市中心的复兴和繁荣，杂交建筑的混合使用强度、公共性与私密性功能的结合能力，以及与城市环境组织一体化的建筑组织形式，为城市中心引入社会功能和市民生活提供了物质与空间条件。城市的复杂性导致杂交状态不仅仅存在于从住宅到一系列各种个体空间的微观层面，也扩展至城市的宏观尺度。

杂交建筑没有固定的形式，它常常是建筑师个性化创作的表达，它的规模和形态也受制于经济利益和社会利益的约束，它可以垂直竖向延伸，也可以水平扩展，或者利用水平与竖向的不同目的共同拓展。

寿司路 (Sushi Road) 2011

朱勒斯·科拉尔 (Jules Collard)

丁·马恩 (Ting Mahn)　　江嘉玮　曹韬　汪仙

　　基地位于城市中心河流航道交汇口附近的北岸上，附近密布建于不同年代拥有重要历史地位的高层建筑，河道成为天然的视觉通廊，尽头是城市新区的摩天楼景观。在此方案中，基地被划分成几个更小尺度的街区，斜穿整个场地的通廊提供场地上的通行便利，同时创造出特殊的空间体验，强调了通廊尽头令人兴奋的摩天楼景观。

　　方案并不拘泥于对历史建筑风格的简单模仿，反而转向对城市高密度环境中私密性受严重干扰的困境的关注思考。如何在高密度环境的公共空间包围中创造适宜的私密空间成为方案首要考虑的问题。

　　受"回转寿司"的启发，方案不仅在建筑本体中实现了画廊、影院、工作坊、设计中心、图书馆和零售等功能的杂交，更是在建筑外部创造性地设计了一个使交通与其他各种活动能够共生的系统——附着在建筑表面的有轨可移动的"寿司盒子"。在这些"寿司盒子"中，同样实现了交通、餐饮、娱乐等活动的共生。从建筑总体来看，该系统实现了使用者活动的"静态"与"动态"的共生。

图 6-2-1 通廊空间透视图

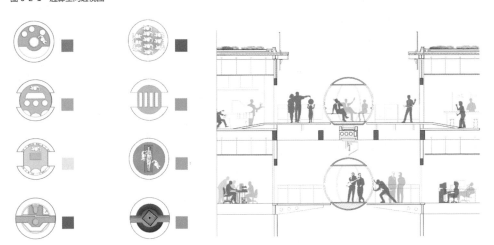

图 6-2-2 "回转寿司"示意图

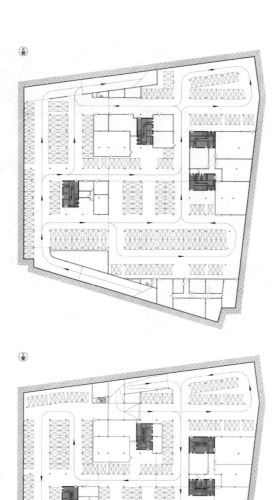

图 6-2-3　地下两层平面

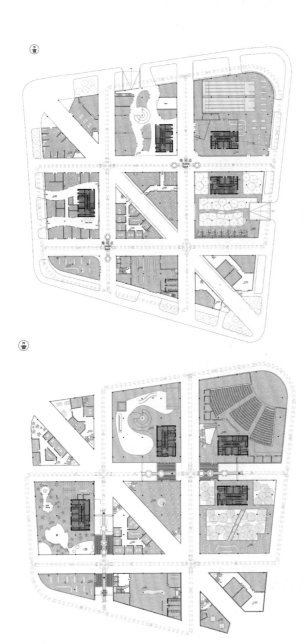

图 6-2-4　地上两层平面

层叠都市（Layered City）2011

王欢欢　陈晔　李一纯　伊莎·卡拉（Isa Carla）

庞大的综合体建筑体量从中部向城市和使用者打开，通过开放公园为周边的历史街区居民、景点游客提供活动和歇脚场地，再以多样化地到达建筑室内的路径与城市相接驳，达到建筑成为城市功能分子的效果。

建筑室内包含商业餐饮、办公等复合功能的同时，半室外的城市空中公园提供了篮球、游泳、攀岩、极限运动和儿童游戏等运动场所。这些功能具有不同使用目的，在不同标高上相互混合，是综合体内满足城市日常生活的重要组成部分，通过集聚效应相互促进产生更多客流量，达到互利共赢的共生状态。

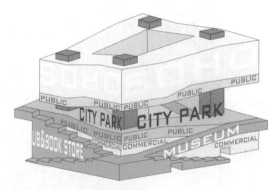

图 6-3-1　功能和空间混合分布示意图

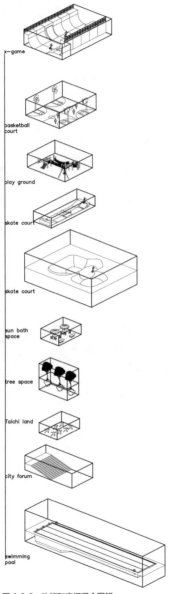

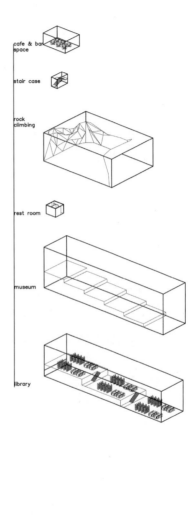

图 6-3-2　功能和空间混合图解

分解高密度（Decomposing the High Density）2012

王佳文　鲁斯科尼·斯特凡尼亚（Rusconi Stefania）
梅里·贝妮代塔（Merli Benedetta）

　　方案是一种建筑整体像素化概念的尝试，空间单元作为可以灵活组合的"像素粒子"，通过巨大数量的聚集、局部的增加或减小，以达到建筑拥有能够适应多种功能的空间弹性与灵活性。每一颗"像素粒子"依据实际需要可以被灵活赋予不同的功能，或实现快速的功能更替，同时像素间留下的空隙成为建筑在空中对城市开敞的"灰色空间"。

　　由于该建筑包含居住者、办公者等，设计的功能杂交不仅要考虑空间与功能分布的关系，还要考虑使用人群在时间和需求上的差异。另外，由于建筑中央公共空间的存在，各功能如何与公共空间产生联系也成为重要问题。最终的方案通过"像素粒子"的聚合与分解，在考虑以上多方面问题的基础上再进行零售、娱乐、教育、办公、居住等功能的协调混合，实现共生的目的。

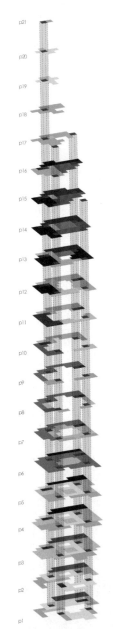

图 6-4-1　功能和空间分布示意图

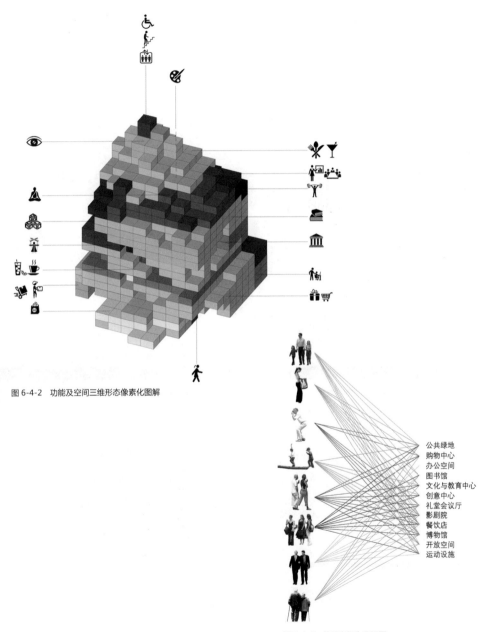

图 6-4-2 功能及空间三维形态像素化图解

公共绿地
购物中心
办公空间
图书馆
文化与教育中心
创意中心
礼堂会议厅
影剧院
餐饮店
博物馆
开放空间
运动设施

图 6-4-3 使用者行为分析图

131

巨构综合体（Mega Complex）2014

冷鑫　邓力　李修然

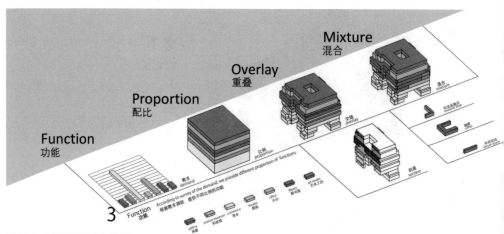

图 6-5-1　功能配比及混合方式图解

commerce	museum	theater	exibition	library	office	Art studio
商铺	博物馆	剧院	展览	图书馆	办公	艺术工作坊

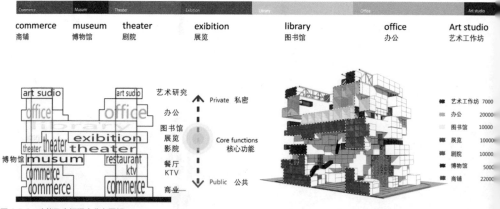

图 6-5-2　功能及空间混合分布图解

132

城市是一种包含了多方面功能的综合体系，并具有聚合、综合、便利的特征。设计者意图在综合体中延续城市各功能协作、互相促进并且便利高效地运作特征，同时改进一般城市发展模式下各建筑相互孤立造成的联系缺失。

　　设计以分层的方式整合不同的功能，通过前期分析，确定不同功能的比重，再根据功能的公共性与私密性进行排列，从地面层往上逐步从公共性最强的商业过渡到最为私密的工作室等空间，最后利用贯穿建筑整体的公共空间联结不同功能，以此实现各功能的共生。综合体内三维化的布局让功能之间的互动途径更为多变，每种功能所能直接连通的其他功能数量倍增，相较于城市二维结构展开的功能分布而言获得更进一步的空间乘法。

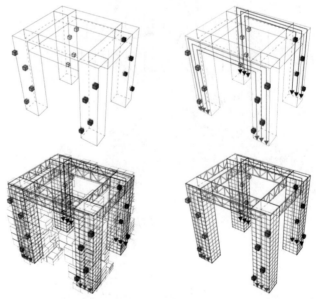

图 6-5-3　交通系统示意图：多样而不同位置的电梯满足了所有使用者的要求，并且达到公共利益与私人利益的平衡，是杂交与共生的有力系统支撑。

空中的街巷 (Street in the Air) 2015

王曲　龚运城　马蒂亚·巴里拉尼 (Mattia Barilani)

　　由于基地位于里弄与滨江之间，如何处理两者与建筑自身的关系成为设计的出发点和设计概念的来源。设计中除了在建筑实体部分开挖出街道、形成类似传统里弄的混合功能和街道感空间之外，也尽可能地通过视线、交通等多种手段将里弄与滨江联结，使建筑成为里弄与滨江的重要联结点，从而实现里弄、城市综合体和城市滨江的共生。

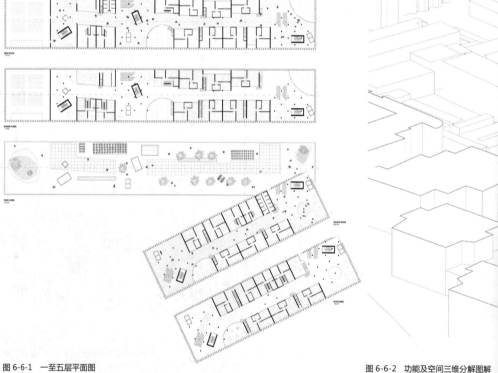

图 6-6-1　一至五层平面图

图 6-6-2　功能及空间三维分解图解

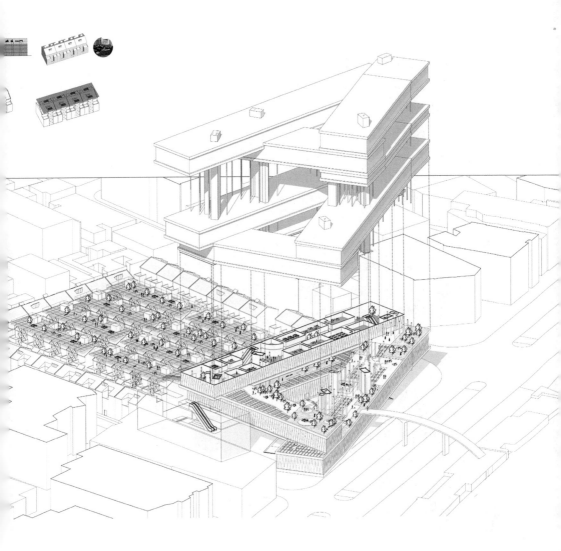

生长的单元（Growing Unit）2015

张黎婷　陈奉林　吴丽群
米歇尔·拉蒙塔纳拉（Michele Lamontanara）

　　在高强度开发的环境中，设计者面临着多方面的问题。既要保证多样化的功能以服务不同人群，又需要创造出富有活力、人际交往密切的活动场所。这些要求决定了建筑的体量大、公共空间需求大、功能多样，并且可以兼具使用效率和空间品质。城市街道作为典型的多种功能、多种使用者和使用时间的杂交与共生的空间，赋予了丰富的趣味与活力，也是设计者寻求的答案。

　　城市街道被垂直立体化置入整个高层建筑，充满魅力的街道空间不再局限于地面层，而是垂直竖向延伸发展。多样化的功能并未严格区隔在空间网架内，而是分散混合在三维空间网络框架中，配合平台产生的大量室外公共空间，高层空间的使用者也能体验到居住在类似一至三层沿街建筑中的便利与活力。

图 6-7-1　空中三维街道空间局部透视图

图 6-7-2　整体俯视图

图 6-7-3　空中三维街道空间局部透视图

项目 XM（Project XM）2014

刘刚　施毅　高蒂·弗朗西斯卡（Gotti Francesca）

在杂交与共生的实施过程中，如何达到私人利益与公共利益的平衡是一个难题。功能的复合意味着建筑空间的融合混合，也意味着各功能空间边缘的模糊，从而达到互利，由此必然一定程度、一定范围地影响到私人利益。该设计希望以分离体块与空间间隙，通过叠加的手段实现分与合的平衡和融洽。

建筑提供了包括居住、办公、商业、工作室等使用功能，在此基础上，设计者希望能通过分离体块的方式，将建筑的尺度感消解到接近里弄建筑的程度，以呼应相邻的里弄街区。分离的体块带来了次级地面，同时也化解了其他公共功能对上层居住功能的干扰，保证了安全性和私密性。

设计重心在于以使用者为导向的功能杂交与共生。对于游客、工作者、居民这三种使用者来说，建筑的可达高度有所不同，方案以此为依据将建筑功能进行分层和适当的混合，并在建筑中部嵌入庭院与公共空间，达到一种共享利益一致性的高效率的共生状态。

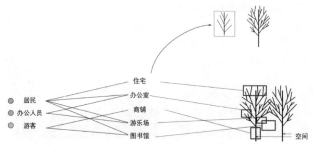

图 6-8-1　使用者与功能空间交互混合分布分析图

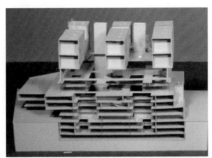

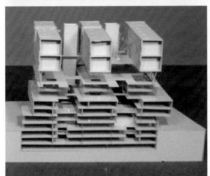

图 6-8-2 功能及空间混合分布图解

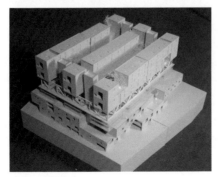

图 6-8-3 模型

格构街区（Lattice Blocks）2018

马松瑞　林菁　萨拉·安德里亚（Sara Andrea）

　　杂交与共生模式产生的缘由是有限用地中的高强度开发，使用空间的极尽利用，社会多样性的驱动。但是这种复合化的功能之间的协调却需要磨合和试错，以及以其所辐射的影响范围的使用者的取舍而调整，没有一个开发商或者一个建筑师有能力预见复杂的社会功能流变。即使开发初期获得了较为准确的功能配比数据，但是因为开发周期长及时代更新的快节奏，建成之日却发现起初的使用功能预见已经不能满足现状的要求。因此设计所构想的空间单元需要具有适应性和易可变性以满足不同的可能使用功能的空间要求。寻找一种基本模块集合的方法是一种答案。

　　该设计提出功能杂交的模块式格构街区的概念，通过基本模块的三维组合，生成多种尺度的空间单元，以承载不同功能与空间类型的预设。多处三维接驳设施建立了不同空间组团的空间联系。

　　作为高密度高效率的城市综合体建筑，该设计同样结合建筑内部公共空间进行了商业、办公、文化、娱乐等功能的混合。在此基础上，建筑还通过立体交通平台实现了不同标高上与城市的连接，打通了建筑与城市公共空间之间的阻隔，将更多的使用者纳入综合体中来，达到了与周边环境的共生。

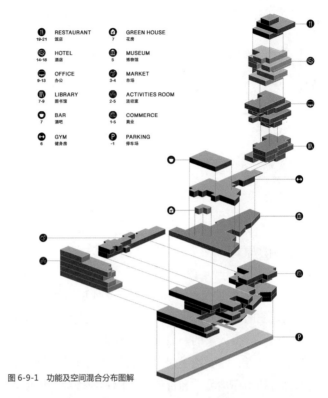

RESTAURANT 饭店 19-21	**GREEN HOUSE** 花房 7
HOTEL 酒店 14-18	**MUSEUM** 博物馆 5
OFFICE 办公 9-13	**MARKET** 市场 3-4
LIBRARY 图书馆 7-9	**ACTIVITIES ROOM** 活动室 2-5
BAR 酒吧 7	**COMMERCE** 商业 1-5
GYM 健身房 6	**PARKING** 停车场 -1

图 6-9-1 功能及空间混合分布图解

图 6-9-2 剖视图

空间补偿

7

空间补偿原理

空间补偿原理是指补偿被高密度环境所限定和制约的建筑空间和品质。主要表现为建筑在空中拓展可利用空间后，获得大量的一般空间，却失去了与地面空间的联系和亲近，需要给予建筑以空间品质补偿，补偿缺失的具有地面环境品质和价值的空间；或因为高密度环境的拥挤补偿而释放地面空间用作城市公共、开放空间及建筑室外空间的补偿措施；此外，补偿因为城市规划和建筑规范等法规和条例，以及受制于日照、采光、通风、景观、视线和视野等环境条件所制约了的建筑空间。

空间补偿的环境因素

所谓补偿是因为损失、缺陷等原因而需要弥补因此带来的不良后果，那么城市高密度环境自身，以及对于建筑和使用来说它的缺陷、弊端和不良效果是什么？城市高密度环境就如硬币的两面，自然有它的两面性，如果集中、便利和高效，以及多样性和亲近性是它的有利的一面，那么密集拥挤则是它的不利因素的主要方面，表现在以下三个层次。

（1）缺乏城市开放和公共空间。对高密度环境自身以及其中的建筑来说，密集和拥挤主要反映在缺乏城市公共开放空间。高密度、高容积率本身就意味着建筑的高容量，理论上单纯的使用空间可以通过不断的复制与叠加，而无限获得。以社会密度、空间密度、建筑面积人口密度等指标作为判断依据，以高容积率建筑所创造和拥有的充分使用空间面积来看，其建筑面积人口密度和使用空间的空间密度和社会密度并不高，个人的使用空间并不缺少，也就意味着室内不拥挤。但是随着使用者总量的增加，因地面空间的唯一性和有限性，必然导致地面空间的社会密度和空间密度的提高，从而制造与加剧高密度环境的空间恶化和拥挤。

（2）建筑缺乏地面空间环境和品质。对建筑和使用来说，通过空间的空中拓展可以拥有充分的使用空间。高密度并不阻碍建筑获得大量的一般意义的使用空间，但是从空中获得的大量使用空间却缺乏与原始地面空间的联系，缺乏地面空间环境的占有率。使用者虽然拥有了充分的使用空间，也无室内空间的拥挤感，但是他们远离原始地面，远离室外空间，易产生对生理和心理的不良影响。

（3）建筑缺乏日照、采光、通风、景观、视线和视野等环境条件，空间拓展受到法规和条例等因素的制约。在高密度环境中建筑的密集度导致建筑之间日照、采光和通风的遮挡，并且阻碍建筑获取良好的景观、视线和视野。另外，因卫生和安全等要求而制定的规划和建筑规范等法规和条例制约建筑空间的拓展。

价值和意义

"补偿"一词在英文中是"compensate"，它的解释是给某人或某事一种好的结果以平衡或减少因损害、遗失、伤害等行为所产生的不良效果；在中文中"补偿"的含义是弥补缺陷，抵消损失；另外"补偿"还有在某一方面有所损失，而在另一方面有所获得的含义。"空间补偿"中的"补偿"引用的就是上述的含义。

空间补偿主要目的是挖掘发挥高密度的潜能，弥补高密度的缺陷、弊端和不良效果。而高密度环境的弊端大多都与拥挤有关，因此通过"空间补偿"方法可以做到：

（1）为拥挤的高密度环境释放地面空间，从而补偿被限制或丧失了的城市开放空间、公共空间或建筑的室外空间；

（2）为建筑复制创造具有地面环境特征和品质的空间——次级地面，补偿处于空中的建筑空间同样拥有相似于原始地面的空间和环境品质；

（3）同时改善建筑日照、采光、通风、景观、视线和视野等环境条件，弥补被法规和条例所制约的建筑空间，最终实现化解拥挤、提升环境品质的目的，创造符合人的生理和心理需求的舒适的建筑空间品质。

具体手段

空间补偿原理通过以下三个主要手段实现：释放地面空间、创造次级地面和运用建筑形态策略。

（1）释放地面空间

所谓释放地面空间是指建筑实体少占或不占据建筑用地上的地面层，只占用建筑结构支撑和必要的功能所需要的地面空间，将建筑实体分解、在空中或地下找到它们的位置。在城市高密度环境中，释放建筑实体占据的地面空间是提供与扩展城市开放、公共空间和建筑室外空间最基本的方法（图7-1-1）。

释放地面空间以三维立体原理实现，其中最常见的手段是底层架空、悬挑和飘浮模式。

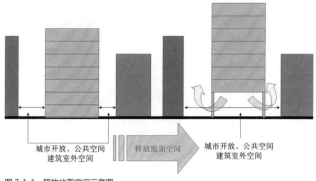

图 7-1-1　释放地面空间示意图

（2）创造次级地面

所谓"次级地面"是指针对原始地面而言，脱离原始地面处于空中的人工地面，具有或接近原始地面环境特征和空间品质的人工建筑平台或基面（图7-1-2）。而这里的原始地面并非指自然原生地面，是指建筑中常规意义的地面，只是为了区分"次级"地面而另附上"原始"定语，文中未特指的地面均为建筑中一般常规含义的地面。"次级地面"实质是处于空中人工建造的建筑平台或基面，因为它是在原始地面的基础上生成的，并且相似于原始地面的属性和功能，所以提取地面的含义强调它的地面属性。

在城市高密度环境中，对于建筑与城市环境来说，缺少的是地面空间，如果能创造次级地面以弥补地面空间的不足，那么就意味着扩展复制了地面空间。它的主要意义在于促使开放空间率的提高，为城市环境和建筑提供了更多的开放空间或室外空间，从而改善环境的拥挤状态；并且，它能够为建筑提供更多接触"地面"的机会，使处于空中的建筑同样拥有"地面"空间和环境

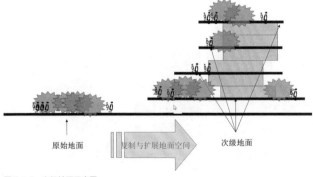

图 7-1-2　次级地面示意图

品质；同时，多层次的次级地面也为建筑与环境的连接以及可达性提供空间条件，增加了建筑与城市两者公共空间的接驳。

次级地面拥有原始地面的基本属性和功能，作为"地面"它能够为建筑提供地上功能、空间和设施用地。对于处于高密度环境的建筑而言，次级地面的主要功能体现在为建筑提供具有原始地面空间和环境品质的室外空间，以及建筑与城市共享的具有城市性质的开放和公共空间，比如小至住宅阳台和屋顶庭院，大到广场、街道、园林绿化景观、室外娱乐休闲与体育运动设施等场地。

具有原始地面环境特征和品质的"空中平台""空中花园""空中街道"等是次级地面具体的基本形式。

在空间补偿原理中，"空中平台""空中花园"和"空中街道"是次级地面的常见形式，从次级地面的属性和功能可以发现它们是城市广场（对应于空中平台）、城市绿地（对应于空中花园）和城市街道（对应于空中街道）等公共与开放空间在空中的一种模仿，目的为了补偿高密度城市环境中城市公共与开放空间或建筑室外空间的不足。

（3）运用建筑形态策略

所谓建筑形态策略是特指通过建筑形态处理补偿因城市规划和建筑规范等法规和条例以及受制于日照、采光、通风、景观、视线和视野等环境条件所制约了的建筑空间。

建筑的空间质量通常受制于日照、自然光的采光量、景观和视野等环境条件。在城市高密度环境中，极端的高容积率建筑是不可实施的，因为建筑需要"透气"——需要日照、通风、景观、视野等环境条件的支持，而规划与建筑规范和条例等则为了保证建筑能够获得必需的环境品质并确保健康、安全和私密性等要求，也对建筑的形态和布局制定相关的限制条件。因此，为了符合上述制约因素的要求，同时获得建筑空间的最大化，可运用形态方法以弥补空间和品质的不足。

　　在建筑形态策略中，可以通过建筑部分实体的位置移动和调整实现空间补偿。图7-1-3所示是日照角度遮挡时，通过建筑形态方法将遮挡日照的建筑部分实体移动叠加至恰当的位置，以满足被遮挡建筑的日照要求，同时确保自身获得应有的空间补偿，仍然保持空间利用的最大化。图7-1-4所示将影响建筑景观、视线和通风等环境条件的建筑部分实体移至合适的位置，以满足被遮挡建筑获得良好的视线、景观和通风，同时又不损失自身建筑空间，获得了空间补偿。

　　在高密度环境中，密度会导致建筑接受较少的自然

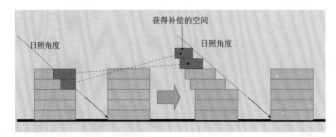

图7-1-3　日照制约的空间补偿示意图

148

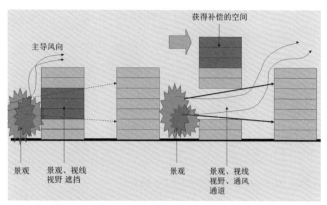

图 7-1-4　景观、视线和通风制约的空间补偿示意图

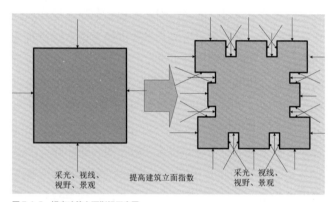

图 7-1-5　提高建筑立面指标示意图

光，同时减少包含有天空的景观面，并且产生较强的约束感。因此，在建筑形态方法中，可通过调整建筑形态以增大建筑立面面积。建筑拥有越多的建筑立面面积，那么意味着建筑物的内部空间就能获得更多的与外部空间联系的机会，就能获得越多的自然光、景观面、良好的视线和视野，从而获得具备良好品质的空间补偿（图7-1-5）。

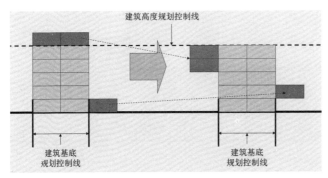

建筑高度规划控制线

建筑基底
规划控制线

建筑基底
规划控制线

图 7-1-6　规划与建筑规范和条例制约的空间补偿示意图

　　无论在何种环境条件下，城市规划与建筑设计规范
和条例都是建筑设计的制约因素，规划和建筑设计规范
出于对安全、健康和卫生等基本要求的考虑，对建筑的
间距、高度和体量规模提出一定的限制条件，尤其对于
高密度城市环境，这种限制更加苛刻，甚至导致建筑方
案无法实施，不得不牺牲建筑空间以满足规划与建筑规
范的要求。但是如果合理运用建筑形体策略，非但能够
弥补受制于规范和条例的建筑空间，而且还能够产生意
想不到的奇特的建筑形态。图 7-1-6 所示将建筑基底
边界和高度控制线所限制的建筑空间，移动至规划和规
范允许的空间位置，既满足了规划和规范的要求，同时
不损失建筑应有的空间。

　　空间补偿原理可以弥补因空中而失去的地面空间
环境和品质，为城市地面开放与公共空间提供补偿，并
弥补被城市规划和建筑规范等法规和条例所限制了的空
间，以及获得日照、通风、景观等环境条件的建筑空间。

空中的街巷（Street in the Air）2015

王曲　龚运城　马蒂亚·巴里拉尼（Mattia Barilani）

在大都市中心区的土地高强度开发的状况下，单纯向空中拓展所获得的往往只是大量的一般使用空间。为了避免高密度环境的过度拥挤，建筑造型由多个长条形体量以平面三角构型旋转叠加的组织方式构成，在长条形体量之间留下的多个空隙空间成为直接朝向户外的"空中平台"。这样的建筑空间操作既实现了建筑形态逻辑关系的清晰表达，又十分有效地为使用者提供有公共性、开放性的连续开敞空间，弥补建筑的高区空间缺失的亲地性和开放性，实现高区空间的品质提升。方案中的多个次级地面在建筑体量的投影线内多倍复制了城市开放空间，空间补偿的建筑形态策略满足提升建筑在采光日照、建筑景观、视线和通风等层面的适应性，同时保持建筑在空间资源利用层面上的最大化。

图 7-2-1　次级地面空中平台透视图

图 7-2-2 剖视图

空中街市（Downtown Streets in Air）2016

李颖劼　徐泽炜　乔治·奥里戈（Giorgio Origo）
德梅特里奥·科贝拉蒂（Demetrio Corbellati）

　　方案的灵感源于"翻转的城市"，希望将原本在水平向度延展的街市转化成在垂直向度的生长，建筑的实体部分作为一般使用空间，体块的间隙则作为功能自由定义的公共空间。

　　在建筑的低区部分，三维接驳体系穿连多个分离的建筑体块，形成在不同高度上紧密组合的连续公共空间系统，使得建筑成为复杂的三维立体街市，适应多种社会群体的功能需求。方案充分利用屋顶平台空间，创造多个具有一定规模、景观视野极佳的开敞空间，屋顶平台相互连接整合多个功能空间，形成便捷、开阔的次级地面系统。在两栋高层建筑上嵌入一系列一定规模的开敞空间，提升建筑高区的空间品质。

图 7-3-1　整体透视图

图 7-3-2 沿街透视图

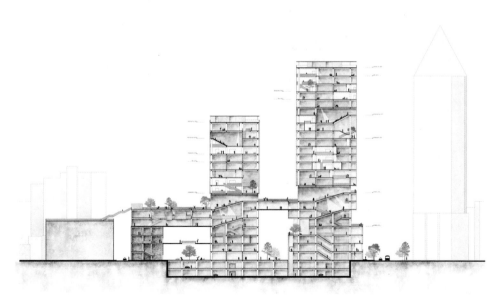

图 7-3-3 剖面图

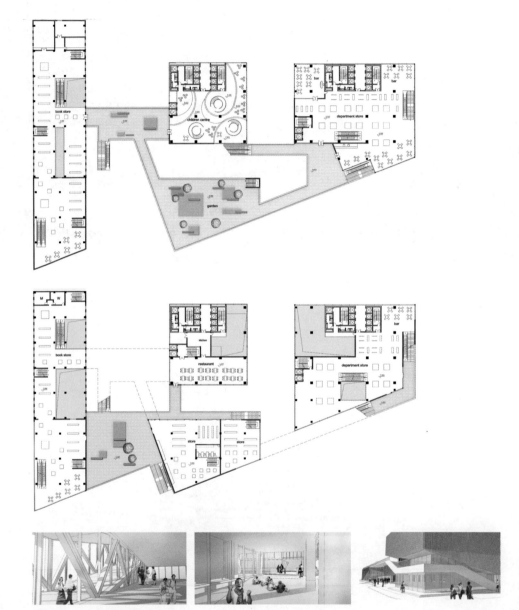

图 7-3-4 二至三层连接性的公共空间

层叠都市（Layered City）2011

王欢欢　陈晔　李一纯　伊莎·卡拉（Isa Carla）

　　位于密集环境中的建筑需要应对高强度开发与对城市环境友好的双重要求。设计者通过建筑轮廓覆盖整个基地的方式，追求空间资源利用率的最大化。在建筑体量的中部整合了覆盖整个场地平面范围的城市公园，城市公园成为各功能组团之间的适当区隔和缓冲过渡空间，起到保护居住组团的私密性的作用，降低各功能区域的相互干扰。

　　处于地面之上向城市开放的室外空间高于城市街道，并与街道三维直接连接，成为空中的城市公园，也是一种次级地面手段，弥补了公共开放空间的缺失，提升周边城市街道与建筑的空间公共性。城市公园为城市贡献了宝贵的景观绿化、休闲场所，缓解密集城市环境的压抑感，使得建筑在高于地面的位置同样拥有类似"地面"的空间环境品质。

图 7-4-1　鸟瞰图

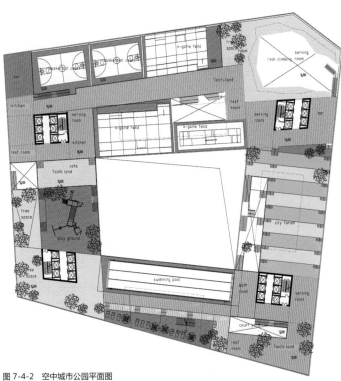

图 7-4-2　空中城市公园平面图

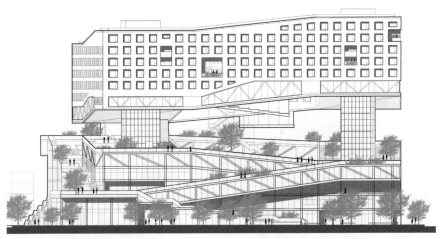

图 7-4-3　立面图

巨构综合体 (Mega Complex) 2014

冷鑫　邓力　李修然

　　建筑的空间质量通常受到日照、自然光的采光量、景观和视野等环境条件的直接影响，这些元素往往是在高度密集的建筑中所缺少的空间品质要素。建筑拥有越多的立面面积，那么就意味着建筑物的内部空间就能获得更多与外部空间联系的机会，就能获得越多的自然光、景观面、良好的视线和视野，从而获得具备良好品质的空间补偿。方案通过增大建筑立面面积的形态策略，增加内部空间与外界直接联系的机会，提升建筑的自然采光、自然通风和视野等条件水平。

　　在建筑立面上悬挑体块，通过错动的体块关系产生数目众多的小型空中平台，同时提升城市街道界面的活

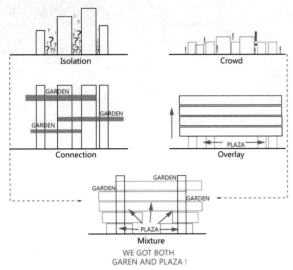

图 7-5-1　空间补偿概念示意图

图 7-5-2　整体透视图

跃度和尺度的人性化。在上人平台种植景观绿化，为建
筑高区部分创造接触阳光、绿植的机会，增强空间的舒
适度。此外，在建筑的中部通过建筑形态调整形成开阔
的"空腔"，释放了向城市开放的地面空间，增加了建
筑的公共性、开放性。

墙（The Wall）2015

卢文斌　韩佩颖
伊里塔诺·塞韦里诺（Iritano Severino）

　　建筑向空中拓展获得大量一般使用空间，同时需要考虑的问题是，如何避免空中因缺乏室外空间而导致的空间品质下降，以及公共空间和开放空间的缺乏所产生的高密度环境的空间恶化。建筑由多个不同规模的平台在垂直方向上叠加组成，是释放地面空间、创造次级地面、建筑形态策略的大胆尝试。无遮挡的江面景观是独特的场地优势，平台最大限度地朝向景观资源开敞，充分利用景观优势。平台错动的组合关系获得丰富的开放空间，增强公共空间的多样性。各平台相互接驳、联系紧密，形成一个快捷、便利、功能互补的次级地面系统，为城市环境和建筑提供了更多的开放空间或室外空间，从而改善环境的拥挤状态。

　　方案通过建筑部分平台和实体的位置移动和调整，在增加建筑使用空间的同时，为建筑自身和周边相邻建筑提供自然采光、通风和景观视线的通道。

图 7-6-1　沿江透视图

图 7-6-2　空中泳池透视图

图 7-6-3　空中多层平台透视图

模块之眼（Modular Eye）2016

杜怡婷　王瑞坤　刘瀛泽

赞德戈·瓦伦蒂娜（Zanderigo Valentina）

　　基地位于城市中心区的滨江地带，得益于宽阔的河道空间，在沿江面拥有开阔的观景视野，能够直接观赏到由对岸摩天楼建筑集群组成的城市天际线景观。西南侧是小片区的石库门住宅，不同年代、不同类型的建筑共同存在。

　　方案设计一个模块化的建筑系统，依据不同使用者群体的需要提供多样化的功能模块，整合场地周边城市街道和多种类型的建筑。不同功能类型的建筑模块根据自身性质的需要，错落叠加组合成为建筑整体。通过架空、错位叠加的建筑形态处理，释放了部分地面空间，创造了便捷、开阔的城市开放空间，提升了城市的公共空间品质。同时多样化的功能模块顶部自然形成空中平台、屋顶花园，在原始地面上空极大地增加了户外空间和开放空间。另外，建筑立面表面积的增大，也使得内部空间获得更多与外部环境接触的机会，提升了建筑整体空间品质。

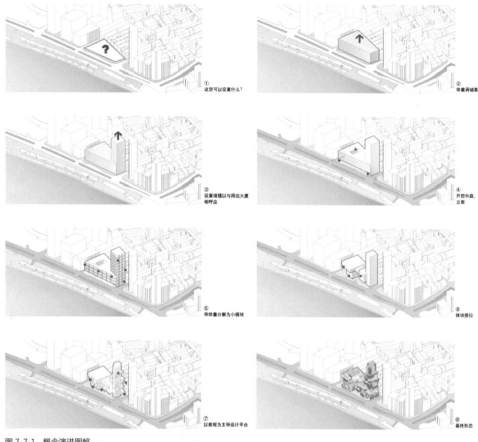

① 这里可以设置什么？

② 体量润饰基地

③ 设置塔楼以与周边大厦相呼应

④ 开挖中庭，抬升沿街立面

⑤ 将体量分解为小模块

⑥ 体块推拉

⑦ 以景观为主导设计平台

⑧ 最终形态

图 7-7-1　概念演进图解

图 7-7-2　整体鸟瞰图

可塑单元 (Flexible Cell) 2014

王玮颉　李琦　赵荣娜

　　现实的基地周边是低容积率的历史街区，内部居住密度偏高、土地利用率低。方案体现了设计者对于改良现状的设想，在与历史街区建立亲近密切的空间联系的同时，获得土地的高容积率高强度开发。

　　在建筑低区部分，局部架空，提升近地空间的公共性、开放性。底层除了入口门厅、垂直交通以及一些附属设施用房外，其余部分全部架空，改善因城市密度的增加而导致的缺乏城市公共、开放空间的状况。在建筑体量中的多个大尺度的出挑平台，扩展复制了地面空间，在不同高度相互连接，成为社区化的空中公共空间系统。

图 7-8-1　整体鸟瞰图

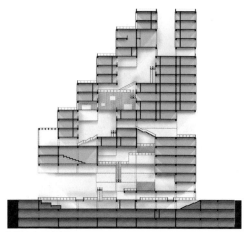

图 7-8-2 剖面图

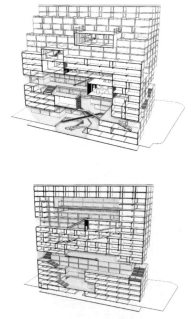

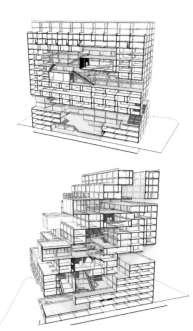

图 7-8-3 交通及公共空间分布图解

开放之城（Open City）2018

谈友华　苏添瑞　樋口豪（Higuchi Go）

该方案基地位于靠近外滩黄金地段的里弄街区——永安坊，方案目标是创造一个能够激活永安坊，使这片"城市洼地"能够重新焕发活力的整体设计。

面对历史街区，设计者打破永安坊的沿街首层，将原有的两个入口变成更加丰富的出入空间，又保留了其完整的沿街界面。在永安坊中，丰富的活动空间、绿化、商业空间比例宜人，人们可以穿行其中，在品味历史风味的同时，感受现代商业空间氛围。

裙房采用逐层退台的手法，各层屋顶平台层叠与地面连接，将地面的绿化、观景、休闲、游憩等功能延续伸展到空中，实现以空中补偿地面空间。中庭的形式则为裙房内部空间带来了阳光与空气，同时使视线更为开阔。

用于提升容积率和土地利用效率的塔楼的功能分为办公、酒店、住宅三个部分。采用垂直功能分区，为了在空间上创造更多的联系，设计者将其进行了错位和穿插的处理，所形成的水平与竖向的间歇空间成为不同功能之间的共享公共空间。这些空间不仅包括了室内的垂直空间，还包括植入了绿化、休闲功能的室外空间，为塔楼创造了一系列次级地面，稀释了高强度开发的塔楼建筑体量的密实度，提升了使用者的舒适度和塔楼的空间质量。

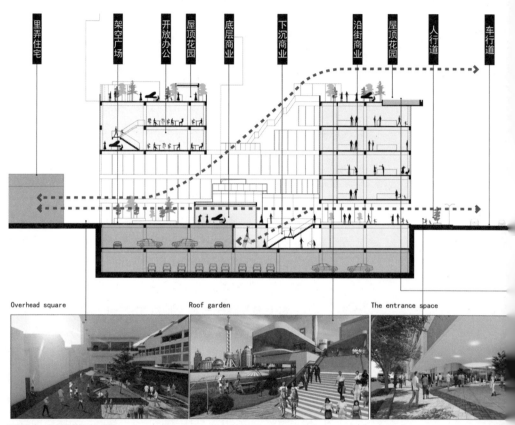

里弄住宅　架空广场　开放办公　屋顶花园　底层商业　下沉商业　沿街商业　屋顶花园　人行道　车行道

Overhead square　　　　　　　Roof garden　　　　　　　The entrance space

图 7-9-1　功能及空间分析图解

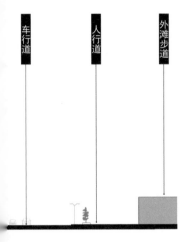

车行道　人行道　外滩步道

ftop pool

图 7-9-2　沿江整体透视图

图 7-9-3　空中平台局部透视图

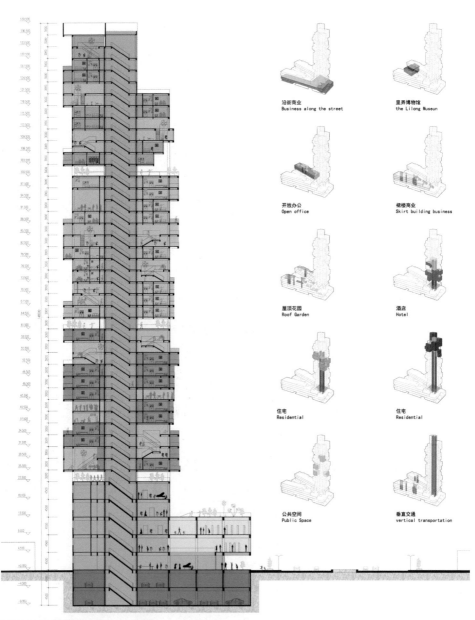

图 7-9-4　剖面图及功能空间形态分布示意图

沿街商业
Business along the street

里弄博物馆
the Lilong Museun

开放办公
Open office

裙楼商业
Skirt building business

屋顶花园
Roof Garden

酒店
Hotel

住宅
Residential

住宅
Residential

公共空间
Public Space

垂直交通
vertical transportation

8

高密度发展的过去和未来

今天，对于未来全球环境及资源的担忧与关注已经成为几乎各个领域的一个主题。对人类的生存环境来说，城市是实现可持续发展目标的最重要的载体，探索寻找可持续发展的城市模式被认为是解决问题的关键。21世纪以来的人口持续膨胀，城市化水平不断提高，城市规模扩大与有限用地之间的矛盾日益尖锐，城市的发展与人类争夺着赖以生存与发展的有限耕地。从世界范围来看，中国正在经历着人类历史上最大规模的城市化，无怪乎诺贝尔经济学奖获得者、世界银行前副行长斯蒂格利茨曾宣称："21世纪影响人类进程的两件大事，一是新技术革命；二是中国的城镇化。"[1] 中国人多地少，土地资源非常珍贵，中国不可能寻求低密度的发展模式，高密度发展是中国城市必须接受的发展道路。

1 中华人民共和国住房和城乡建设部：《广厦万千民生为本》，2009，http://www.mohurd.gov.cn/ztbd/xyjg60zn/jg60znjscjz/200909/t20090915_195093.html.

需要空间

经济的发展与社会的进步促成地球上的人口以几何级数增长，不断增长了的人口又要求比以往任何时候都要占据更多的生活和生产空间，这已经成为一种常识。同时，逐利资本追求无限利润的产品生产；人类生存而必需的水资源维持与保护、能源生产、氧气的补充、生态的补偿，以及因为环境恶化而不断增加的生态灾难等因素，都在与人类诉求更多直接的生活空间争夺着地球上已经非常有限的适宜人类居住与生存的空间资源。人类谋求空间的产物随处可见，从迪拜的迪拜塔，上海的上海中心到美国的凤凰城，它们呈现在传统密集的城市中心、城市之间的开阔地域、风景区甚至是边缘的蛮荒之地。人类对空间的诉求所产生的人类活动痕迹覆盖了从北极到南极的整个地球，地球已经转变成一个单一的"城市"，被浪漫地形容为一个村庄——"地球村"。急切快速、漫无边际占据空间的行为塑造了一个巨大无尽的物质建造环境。如果放任这种占据空间的行为发展下去，那么将产生"一个平庸廉价的产物，一个令人沮丧、无法逃避的全世界的城市"。[1]

1 MVRDV，*KM3*：*Excursions on Capacities*，p19.

事实上人类自身演化的历史在一定程度上就是诉求与开拓生存空间的历史。空间诉求最根本的动力因素是人口膨胀，这种因素对空间的诉求并不仅仅停留在直接生活空间的要求上，还包括了维持人类新陈代谢与生存的一切供给所需的间接空间的要求。随着社会的进步与物质条件的改善与提升，诉求空间的另外一个直接的动力便是人类个体比以往任何时候都要求更大的空间环

1 MVRDV, *KM3: Excursions on Capacities*, p21.

境。除此之外，生态补偿同样也需要空间，如果以地球生态足迹的观念为依据，那么为满足人类的各种需要的土地容量要求每人需要 1.8 公顷 [1]，生态补偿需要的空间已经让今天的人类难以应付。

根据生态学与人类学的基本原理，如果以"人口容量"的含义作为依据，就可以较容易解释空间诉求最根本的动力因素是人口的膨胀。

2 徐建华：《论人口容量及其研究方法》，载《地理学与国土研究》1995 年第 3 期，第 11–16 页。

人口容量就是在可预见的时期内，在不破坏人类赖以生存的生态环境质量和保证可更新资源的永续利用的前提下，在保证符合一定的社会文化准则的物质生活水平条件和正常的经济发展速度下，一个特定的人类生态系统（全球、一个国家或地区）所生产的生活资源能够供养的最大人口数量和生产资料所能容纳的劳动人口数量。[2]

从人口容量概念中可以发现，为了满足一个特定生态环境中的人群的生存和发展，满足人的"衣食住行"，需要为人类提供足够的生存空间，包含了居住、社会生活所必需的空间，包含了生存与繁衍的生活资源与生产资料所必需的空间，其中包含了食物资源所占据的空间、能源与淡水资源所占据的空间、维持生态平衡所必需的空间等。人口的增长必须以满足人口容量所需的一切空间要求为前提。

人口增长对空间的诉求，其本质就是人类为了获得赖以生存与发展的自然与人工环境而拓展的生存空间。

空间为人类提供栖息的环境，也提供生存和发展的资源。人类的演化过程实际上就是不断扩展空间利用的过程。从原始最初的单纯依赖自然界所赐予的采集渔猎，到有意识地谋求生存的农耕与游牧，再到寻求发展和进步的工业化、现代化，人类以其不断增长的人口在水平向与竖向无止境不断地开拓空间，在广度上将人口扩散到地球的每一片土地空间上。

《2018 年世界人口状况》指出，截至 2017 年世界人口为 75.5 亿。中国国家统计局提供的数据，截至 2017 年，中国人口为 13.9 亿。世界人口从 1804 年的 10 亿人口，到 2009 年的 68 亿人口、2050 年的约 100 亿人口。人口的几何级数增长也对地球上可宜居的土地和空间提出更大的几何级数的要求。这种对空间的诉求并不仅仅停留在直接生活空间的要求上，还包括了维持人类新陈代谢与生存的一切供给所需的间接空间的需求。半个多世纪以来的人口膨胀主要发生在包括中国在内的发展中国家，意味着中国和其他发展中国家要比欧美后工业国家面临更加严峻的生存空间制约与空间诉求的矛盾。对于它们来说，生存空间的拥挤和城市空间的高密度状态是相当长一段时期的常态，无法逃避。

人类拓展空间在形式表象上的最明显的特征莫过于城市化现象，也是发生在人们身边最易感受得到的一种现象。城市是人类赖以生存和发展的重要介质，人类的生存空间的发展历史在一定程度上更是不断聚集生存空间的城市化进程的历史。从柏拉图在《理想国》的《共和篇》中提出 5040 人口[1] 的理想城邦发展到今天东京

1 刘易斯·芒福德：《城市发展史》（宋俊岭、倪文彦译），北京，中国建筑工业出版社，2004 年，第 192 页。

1　东京都会区 2016 年人口约 3814 万，见 United Nations, "The World's Cities in 2016"（2017）. https://en.wikipedia.org/wiki/Greater_Tokyo_Area#cite_note-UN-World-Cities-2016-2.

（东京都会区，包括横滨、埼玉等周边卫星都市）3814 万人口[1]的超级城市（图 8-1-1），以这两个极端的案例虽然不能说明城市在人类文明进程中的全部意义，但是至少可以凸显古今城市化水平和城市规模的倍率，以及城市能够容纳人口的巨大潜力。从古希腊的 5040 人口的理想城邦到 2016 年的约 3814 万人口的城市，仍然没有停止城市发展的步伐，显示城市化的强劲驱动力。

Datawrapper 通过联合国的数据，将 500 座人口超过 100 万的城市陈列在地图上，并显示出各城市 2000

图 8-1-1　日本东京

175

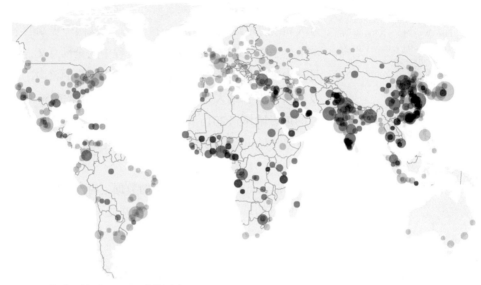

图 8-1-2　世界范围内超过 100 万人口的城市分布

至 2016 年的年化人口增长率和总人口数。颜色越深，
表明该城市人口增长率越高，相反，橙色则表示该地
人口增长率为负。点越大，表明该城市的人口越多（图
8-1-2）。[1]

　　2012 年，中国的城镇人口达 7.3 亿，五年后的
2017 年达 8.1 亿，城镇化率达到 58.52%。[2] 当前中国的
城市化水平还并不高，如果以工业化国家的城市化水平
经验为参考，那么中国城市人口还将至少比目前（2017
年）增加 20% 以上。需要为新增的人口提供住房、就
业以及其他必要的服务设施等城市空间，同时提高已有
居民的居住水平，那么中国的城市空间必将呈现不断加
剧扩张的趋势。

1　Lisa Charlotte，世界范围内超
过 100 万人口的城市分布，见：
United Nations. "The World's
Cities in 2016" （2017）.
United Nations. https://www.
datawrapper.de

2　赵健、孙先科主编：《国家
中心城市建设报告（2018）：
国家中心城市的使命与担
当》，北京，社会科学文献
出版社，2018 年。

人口聚集于城市的城市化水平数据如果让人觉得抽象的话，那么芒福德的一段形象描述可以展示一幅生动的城市规模扩张状态的景象：

过去，城市曾经像农村大海的一个个岛屿。但是现在，在地球上人口较多的地区，耕作的农田却反而像绿色孤岛，逐渐消失在一片柏油、水泥、砖石的海洋之中，或者把土壤全部遮盖住，或者把农田的价值降低为供铺路、铺管线或其他建设之用（图 8-1-3）。[1]

2008 年是值得被记住的一年，人类史上第一次有一半以上人口，即 33 亿人 [2] 居住在城市。毋庸置疑，在城市人口急速增长、经济快速发展以及大规模的城市生产与生活空间的扩张的作用下，城市空间必将持续膨胀。其结果是城市空间数与量的增长与人类其他的生存资源争夺有限的空间。但是城市化是历史的必然趋势，到目前为止，人们找不出其他更好的方法可以替代城市接纳不断增长的人口生存和发展，而所占据的地球空间

1 刘易斯·芒福德：《城市发展史》，第 542–543 页。

2 联合国人口基金：《2007 年世界人口状况报告》，2007 年，第 1 页。

图 8-1-3　日本大阪至京都铁路旁的一块耕地

比较其他任何方法又是最少的，其空间利用效率也是最高的。城市化与高密度的生活方式是人类生存与发展的不可避免的途径。

改善人类生存状态的愿望是空间诉求的另一个重要动力。占据空间的动力并不仅仅只是因为新增人口和城市化要求，即使在人口增长率很低的后工业国家，其城市规模也在不断地扩张。随着社会的进步与物质条件的改善与提升，诉求空间的另一个直接的动力便是单位人口比以往任何时候都要求更大的空间环境。科学技术与生产力水平的提高缩短了个人的劳动生产时间而增加了闲暇时间，闲暇时间的增加不可避免地需要有更多的城市空间满足个人与集体、集中与分散活动占据和使用空间领域。

在我们家的外部，我们同样需要更多空间的动态使用。一个 19 世纪的矿工每天需要 40% 的矿下工作时间，35% 的时间在家睡眠与饮食，剩下 25% 的时间是围绕家庭周围的活动。今天，工作场所的使用在一个人每天的时间中只占 25%，即使如此，工作场所仅仅 50% 被使用。因此每天人对工作场所的占有率为 12.5%。我们需要另外 35% 的时间睡眠。这样就会留下多于 50% 的时间用在其他空间（个人的或集体的，集中的或分散的）。这种趋势将导致不可避免的越来越多"领域"的动态使用。[1]

另外，生态补偿需要的空间已经让今天的人类社会难以应付。地球生态足迹的观念指出，为满足

1 Rudy Uytenhaak，*Cities Full of Space*，*Qualities of Density*. Rotterdam: 010Publishers，2008. p19.

人类的各种需要的土地容量为每人 1.8 公顷，由此许多国家需要比其国土面积大得多的空间用作生态足迹要求。[1]如果生态足迹的概念让人不易感知，那么中国 2003 年用于生态平衡而退耕的土地就无疑是活生生的了。2003 年，仅一年中国用于生态退耕的土地为 223.73 万公顷，占全年中国净减耕地 253.74 万公顷的 88.13%。[2]

的确，这个世界上每一个人都需要空间。

走向高密度

从人类发展史来看，城市是人类社会迄今为止发展得最好的居住方式，到目前为止，还没有什么更好的方法可以替代城市接纳不断增长的人口，城市将容纳地球大部分的人口。今天，对于人类的生存与发展，不是可以自由选择乡村还是城市的问题，而是必需将城市作为主要生存与繁衍的空间领地。于是摆在人们面前的是一个棘手的问题，究竟选择何种城市形态与发展模式才能符合人类生存与发展的可持续要求。

人类只有两种方法增加城市空间，一种是城市向郊区蔓延，另一种是发挥城市内有限土地的潜能，提高城市密度和紧凑度。就目前的资源条件与经验而言，向郊区无限蔓延已经被证明是不可持续的。

作为后者，其重要价值在于遏制了城市的蔓延，节约了有限的用地，符合可持续发展的要求。它的表现形

1 MVRDV, *KM3: Excursions on Capacities*, p21.

2 仇保兴:《紧凑度和多样性》，载《城市规划》2006 年 11 期，第 18 页。

式——高密度发展的城市能提高城市在密度、功能组合和物理形态上的紧凑度，有利于资源的集中、服务和设施的共享，提高城市生活的效率和便捷，最终塑造丰富多彩的、高质量的城市生活，并促进城市的繁荣与人类文明的进步。

以城市形态来看，城市的主要特征是人类活动空间的聚集状态。古代是源于防御与宗教活动的聚集，现代则因为工业生产、商业贸易与金融活动以及其他城市功能和社会服务的聚集。城市高密度发展正是追寻了传统与现实中密集紧缩城市形态的经验与价值，为城市提供了便利、密集而丰富的生活，并且这种生活意味着高效率，节约了时间和精力。密集的城市空间环境使城市气氛变得活跃而且促进城市生活和文化活动以及相关城市功能和设施的发展，也为城市空间和功能提供了多样和丰富的选择。高密度城区密集的建筑集群能够促使城市空间和形态界面的丰富和连贯，也为多样性的建筑类型和形态提供了条件，有助于完善和提升城市的整体形象。高密度城区创造了城市生活的活力并产生令人振奋的景象和魅力，从而创造了多彩繁荣的城市形象。

人类生存的地球的土地是有限的，新增的空间需求绝大部分需要在城市空间中得到满足，并且是在因遏制城市规模的扩张而留下的、有限的城市空间中获得支撑，那么城市趋向高密度成为必然性和唯一性。

蔓延式城市发展是一种饱受批评的城市增长模式，是一个从美国等发达国家逐步弥漫到发展中国家的全球现象。20 世纪 80 年代以来，中国经济迅猛发展，城市高速发展，城市化水平迅速提高，城市规模不断扩大。城市蔓延性扩展所引发的人口与生态资源之间的矛盾在中国部分发达地区更显突出。因此城市高密度发展对中国的城市发展模式更具价值和现实意义。中国的耕地总量非常稀缺，全国现有耕地 18.37 亿亩 [1]，人均耕地拥有量只有 1.41 亩，仅为世界人均水平的 37.3%[2]。

在过去几十年的城市化过程中，已经有大约 185 万公顷的土地被永久地转化为城市建设区。这对中国这样一个以不到世界 10% 的耕地养活 21% 世界人口的国家来说是十分严峻的。[3]

20 世纪末以来，中国耕地的减少越加触目惊心，更为严重的是，中国耕地的后备资源几乎已经枯竭。人们也许一直以为中国地大物博，而实际情况是把二类宜居地区加上去，中国适宜人类居住的土地也只占 26% 的国土面积。而就是这 26% 的国土面积正是中国城市化发展最快同时又是优质耕地的土地 [4]。因此尤其对于像中国那样人口基数大，耕地资源有限的国家，如果不加以控制，那么中国当前这种以牺牲宝贵的耕地作为代价的城市化，不但将会影响中国自身的粮食自给自足能力，还将对未来世界的粮食供给造成巨大压力和威胁，这种蔓延式的城市发展根本是不可持续的。对于中国或其他类似国情的发展中国家，城市化道路必须走密集紧缩高密度发展的城市模式。

平衡人类生存和发展的各种空间需求的出路是城

1 见《中共中央关于制定国民经济和社会发展第十一个五年规划的建议》第三章《经济社会发展的主要目标》，2006 年。

2 仇保兴：《紧凑度和多样性》，载《城市规划》2006 年第 11 期，第 18 页。

3 陈海燕、贾倍思：《紧凑还是分散》，载《城市规划》2006 年第 5 期，第 61 页。

4 同 2

市化以及紧缩城市的高密度发展模式，那么在城市形态上的反映是空间、功能和物理形态上的紧凑度，并且将延续和发展已经形成的处于高密度状态的城市环境，也将促成新兴的城市高密度区的产生和形成。

空间价值的再发现

面对城市高密度发展以及由此而带来的高密度环境状态，包括城市规划与建筑学者在内的众多学者依据各自的专业和视角提出不同的见解和应对策略。建筑师虽然不具备万事俱通的能力独自解决高密度所涉及的城市、社会、经济和政策等一系列问题，却可以从建筑自身出发，以高密度环境为预设条件，通过探索、尝试、实践而获得被这种特定环境所激发的建筑应变方法。

毋庸置疑，协调、共生于城市高密度环境中的建筑自然应该有其独特性，或者说具有某种能够适应高密度环境的、特别的建筑反应。那么对于以城市高密度环境为生存条件的建筑来说，什么是建筑学教程中的所谓"特定境况的特别反应"呢？这里的"特定境况"显然是当今建筑师需要面对的城市高密度环境的特定条件，这是一种前提，无法逃避。而"特别反应"是指因这种特定条件而产生的建筑特别的应变反应，从而"构成一种贡献"，与高密度环境的协调共生。

人类在空中诉求空间的现象并不新鲜，从公元前6世纪传说中的新巴比伦国王尼布甲尼撒二世为他的妃子建造的"空中花园"到今天已经建成世界上最高建筑

1　Chris Abel, *Sky High: Vertical Architecture*（London, Royal Academy Books, 2003）, p8.

2　刘松茯:《外国建筑历史图说》，北京，中国建筑工业出版社，2008 年，第 240—245 页。

3　Burj Khalifa, *Wikipedia*, 2010, http://en.wikipedia.org/wiki/Burj_Khalifa.

的迪拜塔。人类不管出于什么目的，探索建筑向空中发展，在空中寻找空间，或者如库哈斯所说的挣脱重力的欲望一直驱动着建筑垂直立体的向上发展。事实上在土地稀缺和人口膨胀的压力还没有逼迫人们不得不向空中寻求更多空间的时代，建筑垂直向上发展的驱动力也许是源自人类登高探索外部空间、拓展生存领地和挑战自然力的本能，这是人类一种内在的与生俱来的驱动力。回顾结构技术发展史，从英国威尔特郡的史前巨石阵（Stonehenge）、埃及的金字塔到中世纪教堂，石材能够叠加到它能达到的极限。砖承重结构在芝加哥的蒙纳德诺克大厦（Monadnock Building）堆积到它的顶峰高度 16 层[1]。锻铁结构材料支撑法国巴黎的埃菲尔铁塔达到 325 米的高度。钢结构又使芝加哥的西尔斯大厦刷新了之前所有高层建筑的高度，达到 442 米。钢与混凝土混合结构的马来西亚国家石油双子塔打破了西尔斯大厦保持 22 年的最高纪录，到达 451.9 米的高度[2]。接着又一钢与混凝土混合结构的迪拜塔达到史无前例的高度 828 米，是迄今为止最高的建筑[3]。在某种意义上，人类诉求高度以及将技术与材料尽可能地建造的坚固是展示与检验挑战自然的能力，这种现象一直可以追溯到史前，至今一直没有停止过。

　　然而当下，在土地稀缺与人类发展之间的尖锐矛盾已经成为不争的事实的大背景下，空中甚至高空的建筑空间拓展已经不是为了挑战自然力，也不仅仅是为了城市形象、资本炫耀或者科学技术的展示，它的背后的逻辑是土地集约化高强度开发与空间价值的再发现——在有限用地上创造、开拓尽可能多的空间。

183

对于几乎所有处于高密度环境的建筑来说，缺少的是空间，需要的也是空间，因此建筑首要解决的问题的是空间的挖掘和寻找契合高密度环境特征的空间利用方法。高密度限制了建筑水平横向扩展，促使它们在空中寻找空间，以满足巨大的空间需求。建筑没有选择，在密集的城市网格和刚性的用地边界内只能朝向天空挤压伸展。经济的发展与科技的进步为这种挣脱重力向空中寻求空间提供必要的技术支持，人类由此可以摆脱建筑只能水平延展的程式，转而可以立体竖向多层次的在空中拓展空间，并在空中生活和工作。

一直以来，高层建筑或超高层建筑是工程与建筑设计最重要的成就标志，也是许多城市的图标，用来表达一个国家或一座城市引以为傲的经济与社会综合实力；或者作为房地产的繁荣、鼓舞人心的地标、强有力的符号、人类精神的象征等。不管人们是否接受或喜欢与否，无法忽略的事实便是这种庞然大物似乎变得越来越巨大、数量越来越多，而且那些隐含了特殊的空间价值和利用智慧的高层建筑，在城市中比其他建筑形式具有更引人注目的视觉冲击力。在近百年中，芝加哥和纽约保持着不可挑战的世界最高的建筑物和最著名的现代高层建筑的发源地荣誉。但是百年之后，亚洲太平洋地区那些城市，如香港、上海，以及中东的迪拜，追逐着最高建筑的皇冠。如果这种竞争只是因为资本炫耀和利己主义目的，那么针对超高层建筑的批评是有理由的。但是今天争夺天空高度和高空的空间利益其最重要的原因莫过于土地的稀缺与人类需要空间之间的矛盾（图8-3-1）。

图 8-3-1　曼哈顿新天际线

　　由此，广义地看待高密度发展中的建筑学问题，高层建筑可以被看成是一种最为普遍的高密度发展的建筑应变反应，它的特征是争取空中的利益最大化。人们可以注意到，在过去的几十年里，世界一些主要超大城市发展过程中，广泛蓬勃发展的高层建筑在地理上发生了巨大变化，并且在全球范围内对超高层建筑的态度也发生了巨大的转变。长时间占据统治地位的纽约和芝加哥很快被匆忙追求建筑高度的亚洲和太平洋地区的一些城市所超越。仅中国就拥有了世界 22% 的最高建筑物，仅次于美国。一些超大城市的快速变化令世人难以辨认，

图 8-3-2　上海浦东陆家嘴

上海的发展新区浦东在十年间成长为一个高层林立的建
筑森林（图 8-3-2），而所形成的城市天际线和城市形
态对纽约来说需要花去 50 年的时光才能达到，对香港
而言需要 30 年完成。[1]

　　即使在一些敏感的欧洲历史文化名城，以及一直
以低密度为傲的欧洲城市，这些年也渐渐改变了对高层
建筑的态度。姑且不论巴黎拉德方斯的更新和扩建，伦
敦，这个长期拒绝高层建筑的城市，也正在或将建造一
系列的高层建筑。引人注目的便是皮亚诺的伦敦碎片大
厦（The Shard，图 8-3-3），这栋 66 层的建筑物能容
纳 8000 人工作和生活。竖立在已有的一个最繁忙的城
市交通枢纽中心之上，包含有地铁和公共汽车站。如果
建造能够容纳同样的人口且以郊区或绿带中低层和低密

1　Chris Abel，*Sky High: Vertical Architecture*，p9.

图 8-3-3 碎片大厦

Chris Abel，*Sky High: Vertical Architecture*，p9.

度的传统的建筑类型模式，在获得同样建筑面积的前提下，那么将需要 20 倍的用地量。[1]

　　高层建筑在世界范围内的发展状况从城市的宏观角度展示了空间价值的壮观场面，如果以有限用地上创造更多空间的高密度发展的价值来说，也充分说明了向空中索取空间这一建筑基本策略的普遍性意义。

　　在获得空间之后，空间价值体现在空间分配与组织的维度上，即从单一维度（平面维度）向三维空间模式的转变，并且催生建筑与城市的复合化。

　　一个高密度城市已经无法仅仅是单一平面维度的。也就是说，仅从平面上选择发展模式，或是从剖面上解决我们的环境质量，已经不再有效。……我期望在未来的设计中见到对于大体量建筑空间的多层面利用。而且，我也期望见到设计能够突破现代主义经典"高层塔楼平面"。取而代之的是一种更为有机渗透的三维城市，这将使空间得以更好地被利用。[1]

这是香港中文大学吴恩融教授对有关香港高密度实践提出一个三维立体模式的建筑学命题。

当建筑必须接受以空中作为主要拓展空间的途径时，那么三维立体空间结构势必将替代二维平面结构，作为建筑寻求空间并解决自身功能和空间的复杂关系以及与城市环境的协调共生的主要方式。针对密集紧凑错综复杂的城市环境，建筑如果仍然以二维平面结构不仅不能获得更多的空间，而且也会造成建筑自身功能和城市功能都不能有效地实现，传统的二维平面观念被三维立体理念所替代，既是环境的驱动，同时也是功能和空间复合的必然逻辑结果。建筑以三维立体的空间结构完成各空间和各功能之间的连接、组构和合集，从而开拓空间并构筑具备优良品质且各部分协调运作的建造环境，达到便利、高效和集中。如果以城市的视角整体性的审视这个问题，那便是"垂直都市主义"的观念，意旨在城市视角下增加了垂直向度的建筑与城市环境的整体观念。

当代城市中的建筑密度和人口密度激增是不争的事实。大容量大体量的建筑物或高容积率的摩天大楼充斥在一些大城市的中心地区，争夺着城市空间、挤压着

1 吴恩融：《香港的高密度和环境可持续——一个关于未来的个人设想》，载《世界建筑》2007 第 10 期，第 127–128 页。

城市道路。大规模的建筑给城市带来繁荣景象的同时，也给城市道路和市政设施造成巨大的压力。伴随着城市人流、车流和物流的增长，传统的低密度城市道路的承载能力已经远远不能满足增加了几十倍建筑容量的高密度环境负荷要求。建筑密度达到饱和状态，城市道路、公共空间、市政设施严重缺乏。面对高密度问题，城市需要有别于传统二维平面的城市公共空间和交通空间的组织模式，三维立体模式为城市的这种要求给出答案。空间原理上三维立体化意味着复制了原来有限的二维城市道路空间，以多层次的形式扩张了城市道路面积，也意味着将城市二维地面进行分解，并在城市空间中以不同高度和层次重构有机网络的空间路径，一种有机的、立体的、多层次且成网络结构的城市交通系统。城市视角下的三维立体模式打破了人们对传统城市习以为常、根深蒂固有关城市道路在城市地面标高上的观念，除了在城市的上空找到三维空间路径之外，它的原始地面的分解也意味着在垂直方向上可以趋向相反的方向，在城市地下找到更多的空间利用。在地下容纳地铁、人行步道等城市交通空间、安置各种城市管线和市政设施所需的空间，甚至可以是包含城市各种功能的一座"地下城"。

三维立体的空间结构不仅仅是解决城市交通困境的有效方法，也是城市发展所需空间的集约化乘法途径。MVRDV展示给人们一个近似极端的KM3构想[1]（图8-3-4），一个 5km × 5km × 5km 的立方体城市可容纳100万人口的生存，这座城市能够满足100万人口生活和工作的空间要求，以及维持城市正常运转和生态平衡所需的一切空间要求，并且具备可持续发展的能力。姑

1　MVRDV，*KM3*：*Excursions on Capacities*，p280.

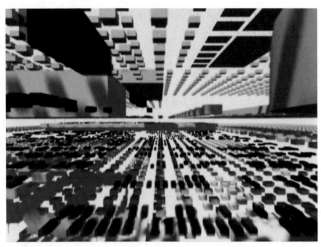

图 8-3-4 KM3 城市，荷兰案例，2000

且不论 KM3 是否具有现实意义，但是它所表达的三维立体空间结构的巨大空间潜能，那是二维平面模式所无法想象的。

广义建筑学观念认为，城市与建筑是互为依存的统一体，建筑不再作为一个孤立元素存在于城市，而是城市整体不可分割的一部分，是城市有机体的组成细胞。那么，城市高密度环境中的建筑的三维立体空间结构自然是三维立体高密度城市的衍生结果，三维立体的城市结构和促使之中的建筑的三维立体化也是必然的逻辑结果。对于处于城市高密度地区的建筑物，三维立体是它的存在形式。同时，建筑的三维立体化也需要城市以同样的形式与之相协调。

城市高密度地区制约建筑空间拓展的最根本的原因是土地的稀缺，在有限的用地上容纳更多的功能和空间是建筑存在的根本目的，环境的高密度迫使建筑只能通过三维立体化的途径获得更多的空间并促使各空间和功能之间的协调与有机结合。三维立体空间结构在三维的空间坐标中化解各种矛盾并建立立体形态系统，同时促成建筑功能和空间的多维度组构、布局和综合利用，促进土地使用的集约化，实现分合有序、集中、高效和便利的目标。

如果说空中空间价值的开拓利用是高密度发展的建筑最基本的一个命题，那么三维立体模式事实上是这种特定环境中的建筑实现空间价值的形式手段，在以三维立体的空间结构解决高密度环境中建筑的空间和功能的构成的同时，其他的空间价值也是通过三维立体形式得以实现。

高密度发展驱动空间的开拓与利用方法始终围绕空间价值的发现为核心，而建筑与城市的复合化是建筑的应变以实现空间价值优化与乘法的一种新的范式。

随着高层或大型、巨型建筑物在城市中不断涌现和流行，并作为高效解决空间需求的方法而大行其道时，人们开始发现这些建筑物的单一功能和单一使用空间已经远远不能满足社会与经济发展的需要，更不符合土地集约化高强度开发各方的利益诉求。高密度地区高强度开发的建筑物已经不能仅仅是复制增长的一般使用空间而与城市环境脱节的一种孤立的建筑模式，取而代之的是一种体现杂交与共生观念的复合建筑模式，这种复合不仅仅只表现在单个建筑物层面，更延伸扩展至城市范畴。

杂交与共生是高密度与利益最大化的产物，又是多样性在空间上的投射。昂贵的地价和紧凑高强度的开发意味着将不同的建筑功能集中复合于一种结构中以优化空间功能分配，空间价值产生乘法叠加效应以满足各方利益并对可持续发展作出贡献。多样性的功能、空间，紧凑、密集和便利以及私人领域与公共领域的结合有利于建筑的生存、高效和活力，并促进城市的繁荣。在密集的城市环境和有限的用地，经济利益、社会和政策的综合因素作用下，迫使建筑寻求混杂复合的方式解决土地稀缺与社会需求、经济利益的矛盾。混杂以共生的方式存在，促成不同功能和空间的交互作用并达到互利。

杂交与共生的建筑现象并不新鲜，通过这种模式实现空间的优化与价值发现以及乘法效应在历史上也能找到，密度以及土地的价值与建筑功能的混杂重叠一直存在着内在的联系。古代欧洲城邦国家以城市边界的城墙用作防御并作为文明与野蛮的分界线。在那个时代，对于大多数人来说，交通或货物运输的主要形式是步行。因此，为了便利的目的以及限定了的城市边界等因素导致诸如工场作坊、商业和住宅通常处于同一地区并且相互之间以层层相叠的方式获得空间的扩张，这种现象可以被看作是最初原始的杂交与共生模式。这种原始模式的出现，可以用以下两方面理由进一步解释。其一为功能与空间的相似性，各种功能空间之间只存在着为微乎其微的或根本就不存在差别，为相互结合或互为替代带来便利。其二为边界的限定，在限定的边界内如果需要增加额外的空间，限定了的城市边界意味着任何空间扩张都要求合并和重叠，也就意味着增加密度与集中。对于古代的城邦城市形态特征，"与其说建筑功能是城市中孤立的组成部分，还不如认为城市是被建筑功能塞满占据的混合实体，并且伴随着城市的生长，不断演化成一个杂交与共生的整体"。[1]

随着不断扩大延伸的迁徙和城市防御系统，城市突破了限定了的城墙分散蔓延至乡村。城市的蔓延为建筑获得更大规模和更经济的用地创造了条件，廉价的土地不仅消除了因城墙的限定所产生的用地空间的压力以及土地高强度最大化开发利用的使命，而且意味着无节制的空间蔓延成为城市发展的最简便直接的途径。工业时代发生的迁徙革命、人口膨胀和急速城市化等因素促进现代规划和社会学理论的发展。早期现代主义思想主张功能分区，这种激进纯粹的城市理想不仅仅要求在建筑物之间实施居住、工作、商业和工业的分区，而且在城市中以分散的用地将城市孤立地划分为居住、工作、娱乐和交通等四个功能区。功能主义观念的规划决定了城市形态，便于控制疾病、污染和土地利用率。

城市的蔓延和功能主义规划观念在杂交与共生的历史进程中扮演了特殊的角色，功能分区限制建筑或城市功能的混合，放慢了杂交与共生模式的演进。这种城市功能独立分区的规划理论的各种发展摹本在世界各地的城市中被广泛采用，由此，起初的混合功能思想并不容易被接受，它必须面对功能分区观念和传统建筑类型的挑战。首先，功能主义者在卫生学原则的驱动下用分

1 "HYBRIDS I"，*a+t*，2008，（31），p5.

区的方法分散功能布局，成为早期现代城市规划的新教条，但在后来世界各地大量的实践中被证明这是导致城市缺乏生机和活力的主要原因；其次，坚定的建筑类型捍卫者决心坚持类型学的超越性以维护形式与功能的联系和一致性，最著名的莫过于"形式追寻功能"的论断。值得庆幸的是，城市的蔓延与功能分区的主张，以及建筑类型的惯性思维并没有阻止杂交与共生模式作为一种有效的方法运用于城市高密度地区复杂的社会与建筑功能的整合。

百年前，纽约的建造商西奥多·斯塔雷特（Theodore Starrett）就认为高层建筑的单一功能和单一使用空间已经不能满足社会与经济发展的需要。因此他在"100层大厦"（100 Story Building）的构想中垂直叠加了工业、办公、住宅、酒店、市场、剧院、休闲公园等几乎能罗列到的城市主要功能，他称之为城市中的"城市"，一座能够容纳城市文化、商业和工业行为的巨大结构。[1] 以类型学来评价，它的尺寸本身就已经突破了常规生活的结构，而它的内容则颠覆了常规传统建筑类型与城市空间结构的概念。

斯塔雷特只是在纸上倡导了他的杂交建筑，而美国建筑师雷蒙德·胡德（Raymond Hood）则是以实际建造来反抗城市孤立分区的规划原则。他的洛克菲勒中心（Rockefeller Center）实现了一种用巨大的建筑体量将办公、公寓、商业、酒店和剧院等功能结合为一个整体的建筑概念，这就是之后被称为综合体的建筑类型，日常行为都可以在同一座建筑中进行。他借

1 Koolhass R，*Delirious New York*，p89.

助建筑与城市功能的混杂以及建筑私人领域与城市公共领域的互利结合，创造一种具有多样性的"同一屋檐下的城市"以激活城市中心的活力，达到使用的便利、集中和高效，并取得土地的最大集约化，满足社会与经济的各方利益最大化要求。洛克菲勒中心完整的商业办公与休闲环境使它成为继华尔街之后纽约的第二个城市中心。胡德以"同一屋檐下的城市"观念拯救纽约的成功榜样鼓励杂交与共生模式的大步前行。在高地价、环境因素等综合压力之下，在认识到分散城市模式的不可持续性，以及在获得建筑技术进步的支持等多种条件共同驱动下，分区的规划理论和条例得以修正，继而转向接受杂交与共生的组织模式并提倡功能的复合化，城市的活力得到提升。

如果说，工业革命前，只是将住宅和作坊等多种简单的实用功能混合组织在单一的建筑中，那么19世纪后期以来则将更多更复杂的建筑功能、不同的建筑类型甚至城市社会功能混杂结合在规模更大的建筑中，意味着诞生了具有现代意义的蕴含杂交与共生观念的杂交建筑。今天，火车、地铁、汽车、飞机等交通工具以及其他新型工具和生活方式融入社会日常中，现代城市中人们生活与工作方式的改变催生诱发城市与建筑新组织结构和新形式的产生。为适应社会和生活方式的发展变化，也为了实现发展了的社会中人与环境的高度和谐，为人类自由地、无拘无束地与周围的环境和谐一致。城市已经不能是单个建筑的拼凑，取而代之是一种容纳生活的、巨大的、多层的、互相关联的整体组合体系。

城市中心逐步升高的地价要求新的发展模式，19世纪中期钢铁结构的运用与电梯的发明以及之后不断进步的科学技术与雄厚的社会财富，使建筑垂直发展成为可能并且以摩天大楼为标志向上生长。发展商利用新技术改变传统的建筑模式，以获取最大建筑容量及建筑楼面面积的目的，创造房地产的最大价值。他们无法用单一的、使用功能塞满一座新的高容积率大容量建筑中，经济利益对于使用功能混合的杂交建筑类型的诞生与发展起到一定的促进作用。

另外，在城市中心向心力的催化作用下，以及昂贵的城市地价和刚性的城市结构双重制约下，高密度城市开始不得不接受功能重叠，催生混合的建筑类型。杂交与共生的物化形式——杂交建筑容纳了任何能够获利的功能，吞噬了传统的建筑类型。这种杂交建筑共生于高密度与丰富多彩的城市文脉中，而高密度的城市氛围也成为杂交建筑合理生存的土壤。

杂交与共生的组织模式阐释高密度与多样性，在世界各地的建筑实践中不断被证实它的价值，它的协调拥挤和叠加互利功能的能力，创造联系和聚合的整合力以抵抗分散与割裂，以及它最终激活城市活力和土地利用的集约化等效能都得到广泛的印证。

当下，杂交与共生作为高密度发展的一种建筑生存模式，已经无须再去面对类型学与功能分区规划原则的指责，以它在高密度环境中的生存能力、土地最优化使用、空间价值的乘法，以及催生建筑与城市活力等方面所显现的价值，就可以表明它的必然性、适应性和合理性。

开拓空间，重构三维立体空间结构，发现空间乘法的价值扩张，寻求多样亲和的复合生存模式，是城市高密度发展的建筑宣言。

附 录

课程设计任务书

1 教学目标与要求

1.1 目标

建筑师的基本专业使命是为拟开发的建设项目所提出的问题去寻找一个解答，而这个解答的优劣正是衡量建筑师专业水准的标尺。对于特定的项目努力寻求富有创意并且恰如其分的解决方案应该是建筑师的一个主要专业目标和专业伦理。也是高层次建筑设计教学的训练目的。

随着可持续发展成为当今与未来城市发展的主流观念，探索高密度发展条件下的建筑应变对策成为相关城市与建筑发展的重要议题。对于从事城市建筑设计的建筑师来说，城市高密度环境或城市高密度发展将成为建筑设计和研究的一种前提条件。课程设计的项目用地选择以两种环境条件为目标，一种是含有历史文化要求的高密度街区，一种是较为单纯的城市新区的高强度开发街区。高密度城区通常与历史文化传承的街区相重叠，所以第一种环境条件成为首要选择目标。并且，在具有历史文化价值的城市环境中进行城市更新改造并注入新的功能成分，最终整合为一个彰显城市固有的历史风貌且具有活力的城市新有机组成，也是当今我国城市建设所面临的扩张与存量更新并存时期的一个较为普遍的课题。

课程选取在城市高密度度环境中具有较大规模和功能多样性的典型项目作为研究和练习的对象，旨在激发学生对相关理论和实践的兴趣，培养分析思考和综合解决复杂问题的专业能力。发现应对城市高密度发展的建筑生成规律，学习并掌握应对城市高密度环境的建筑设计原理和方法。

1.2 要求：

（1）训练并提高学生解决从建筑物—建筑群—城市空间—城市设计这一连续

多层次建筑问题的能力。

（2）探索、研究城市高密度环境及高密度发展条件下的建筑对策，寻找建筑应变的方法。

（3）训练并提高学生分析、策划等方面的综合能力。

（4）训练并提高学生建筑、城市环境、景观深化设计的能力。

2　课程内容与学时分配

第 1 周　　布置课程设计内容及项目简介，课程计划。资料和项目分析。

　　　　　　（布置任务：考察基地、收集资料、分析与构思）

第 2 周　　设计原理和相关高密度理论；设计概念及构思，讲评。

第 3 周　　设计概念发展及设计总图，讲评。

第 4 周　　设计原理和相关高密度理论；总图发展及建筑单体概念与构思，讲评。

第 5 周　　建筑单体深化，技术与材料的可行性研究，讲评。

第 6~7 周　　建筑单体调整与深化，技术与材料设计，讲评（与大阪大学合作教学）。

　　　　　　设计原理和相关高密度理论（与大阪大学合作教学）。

再次深入考察基地，调研基地周边环境，参观考察城市与建筑。基地及考察地点现场教学研讨（与大阪大学合作教学，分一天 8 课时，另一天 4 课时完成）。

第 8 周　　技术与材料，以及建筑的细部研究设计，讲评。

第 9 周　　设计正草图交流，讲评。

第 10 周　　设计原理和相关高密度理论；设计正草图交流，讲评。

第 11~12 周　设计总结，讲评。

第 13~14 周　课程设计成果制作。

第 14 周　　提交课程设计成果及评图。

第 17~19 周　成果交流及评图。

　　　　　　日本大阪等考察地点现场教学及研讨（在日本大阪完成）。

3 项目基地

本课程前后采用了三个项目用地，分别为项目 A、项目 B、项目 C。

项目 A：上海外滩吴淞路西侧地块设计研究

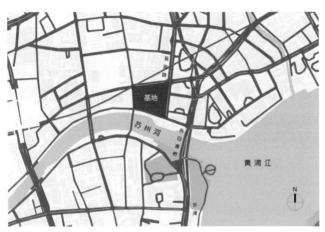

项目 A　基地图

随着可持续发展成为当今与未来城市发展的主流思想，探索紧凑城市空间形态条件下的建筑对策成为一个重要议题。对于从事城市建筑设计的建筑师来说，城市高密度环境将成为建筑设计和研究的一种前提条件。同时高密度城区常常与具有历史文化价值的城市环境相重叠，在这些城市环境中进行城市更新改造并注入新的功能成分，最终整合为一个彰显城市固有的历史风貌且具有活力的城市空间，以及寻找高密度条件下建筑解决方案是当今我国城市建设中一个较为紧迫的课题。本课程选取上海外滩吴淞路西侧地块这一典型地块作为研究和练习的对象，旨在激发学生对相关理论和实践的兴趣，培养分析思考和综合解决复杂问题的专业能力。

1. 训练目标

1）训练并提高学生解决从建筑物—建筑群—城市空间—城市设计这一连续多层次建筑问题的能力。

2）探索、研究城市高密度环境下建筑对策，寻找高密度城区的建筑空间利用方法。

3）训练并提高学生分析、策划等方面的综合能力。

4）训练并提高学生建筑、景观深化设计的能力。

2. 项目简介

项目位于上海外滩吴淞路西侧地块，苏州河北岸，著名的上海外白渡桥的西北方。地块属上海市外滩历史风貌文化保护区的范围，要求规划建设商业或公建类建筑。此外，滨水空间和环境的设计也是本研究项目的一个重要内容。

3. 设计要求

A. 总体城市设计研究：

1）研究用地范围内的城市肌理，图底关系，用地功能和建筑性质的调整，建筑高度与密度的控制，城市空间与街道建筑界面的处理等城市设计的有关问题。

2）研究历史风貌保护的相关问题，如建筑立面的整治，建筑相邻环境的处理等。

B. 地块的概念性建筑设计：

3）本地块的用地性质为商业或公建（具体建筑性质和比例可自定）。地块用地面积为 12 280 平方米，建筑总面积为 83 500 平方米（地上）。具体设计条件如下：建筑可紧贴基地内红线设计（历史风貌文化保护区特殊要求）。基地南侧距离红线 15 米以内限高 24 米；基地西、北两侧距离红线 15 米以内限高 30 米；基地内其他部分限高 80 米（也可根据设计理念做适当突破）。基地北侧天潼路为规划中轨道交通 12 号线。建筑密度：70%。

4）要求对本地块进行详细的规划设计；确定建筑的布局位置，高度和体量，建筑形体与开放空间的处理，以及地上与地下的人流与车流的组织。

C. 滨河开放空间和景观概念性设计：

5）沿苏州河开放空间环境景观设计策略。

4. 设计成果

A. 总体城市设计

1）总平面图

2）分析图：现状分析图，交通分析图，空间与景观分析图

3）其他可说明设计概念的表现图

4）总体模型

B.地块建筑设计

5）总平面图

6）分析图

7）建筑各层平面图、立面、剖面图及效果图

8）设计说明与技术指标

C.滨河开放空间环境景观概念性设计

9）平面图

10）分析图

11）效果表现图

12）设计说明

以上成果要求用 A0×4 图纸表现（图纸数量 A0×2/人），表现方式不限，并提交电子文件存档，允许学生独立或合作完成本设计研究。

项目 B：上海金陵东路外滩地块设计研究

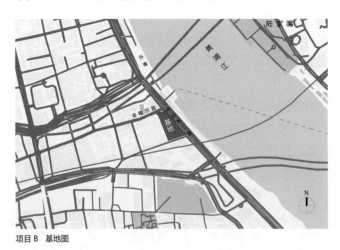

项目 B 基地图

随着可持续发展成为当今与未来城市发展的主流思想，探索紧凑城市空间形态条件下的建筑对策成为一个重要议题。对于从事城市建筑设计的建筑师来说，城市

高密度环境将成为建筑设计和研究的一种前提条件。同时高密度城区常常与具有历史文化价值的城市环境相重叠，在这些城市环境中进行城市更新改造并注入新的功能成分，最终整合为一个彰显城市固有的历史风貌且具有活力的城市空间，以及寻找高密度条件下建筑解决方案是当今我国城市建设中一个较为紧迫的课题。本课程选取上海金陵东路外滩地块作为设计研究的对象，旨在激发学生对相关理论和实践的兴趣，培养分析思考和综合解决复杂问题的专业能力。

1. 训练目标

1）训练并提高学生解决单体建筑、建筑群、城市空间的连续多层次空间问题的能力。

2）探索、研究高密度城市环境下的建筑对策，寻找高密度城区的建筑空间利用方法。

3）训练并提高学生分析、策划等方面的综合能力。

4）训练并提高学生建筑、景观深化设计的能力。

2. 项目简介

项目位于金陵东路外滩，处于著名的外滩近代建筑群与中国传统旧县城之间，与陆家嘴金融贸易区隔黄浦江相望，西靠里弄住宅。要求规划建设高强度开发的商业或公建类建筑。

3. 设计要求

A. 街区城市设计研究

1）对项目所在整个街区进行整体规划设计，研究城市肌理、图底关系、功能布局、建筑高度、街道界面等进行设计研究。

2）对里弄、骑楼等历史风貌保护、功能植入、立面整治、新旧建筑等进行设计研究。

B. 地块概念性建筑设计

3）地块的用地性质为商业或公建（具体建筑性质和比例可自定）。地块用地面积为7 883平方米，建筑总面积为44 000平方米（地上）以下。具体设计条件如下：建筑可紧贴基地内红线设计（历史风貌文化保护区特殊要求）。建筑密度：70%。

4）对地块进行规划设计，确定建筑的功能布局、高度、体量、交通、形态以及外部空间等。

5）保留地块内历史建筑，并进行合理有效的利用。

4.设计成果

A.街区城市设计

1）总平面图

2）分析图：现状分析图，交通分析图，空间与景观分析图

3）其他可说明设计概念的表现图

4）总体模型

B.地块建筑设计

5）总平面图

6）分析图

7）各层平面图、立面、剖面图

8）效果图

9）设计说明与技术指标

以上成果要求用 A0×4 图纸表现。每组两人，A0×2/人，表现方式不限，并提交电子文件存档。

项目 C：成都东方希望天祥 D5 地块项目设计研究

随着可持续发展成为当今与未来城市发展的主流思想，探索紧凑城市空间形态条件下的建筑对策成为城市与建筑发展的一个重要议题。对于从事城市建筑设计的建筑师来说，城市高密度环境将成为建筑设计和研究的一种前提条件。寻找高密度条件下的建筑方案是当今我国城市建设中一个较为紧迫的课题。本课程选取成都东方希望天祥 D5 地块这一典型项目作为研究和练习的对象，旨在激发学生对相关理论和实践的兴趣，培养分析思考和综合解决复杂问题的专业能力。

1.训练目标

1）训练并提高学生解决从建筑物—建筑群—城市空间—城市设计这一连续多层次建筑问题的能力。

项目C 基地图

2）探索、研究城市高密度环境及高密度发展条件下的建筑对策，寻找高密度城区的建筑空间利用方法。

3）训练并提高学生分析、策划等方面的综合能力。

4）训练并提高学生建筑、城市环境、景观深化设计的能力。

2.项目简介

东方希望天祥D5地块项目位于大源商业、商务核心区东南角，地块面积为34 520.62平方米，西侧、北侧为区内规划道路，东侧紧邻天府大道北段，南侧紧邻德赛一街。拟开发建设成集高尚住宅、高级酒店公寓、甲级办公楼及时尚艺术展示/商业于一身的城市综合体。

3.设计要求

A.总体城市设计研究

1）研究用地范围内的城市肌理，图底关系，用地功能和建筑性质的调整，建筑高度与密度的控制，城市空间与街道建筑界面的处理等城市设计的有关问题。

2）研究高密度发展高强度开发所引发的建筑与城市空间的关系，建筑与城市市政设施的关系等。

B.地块的概念性建筑设计

3）本地块的用地性质为住宅与商业（具体建筑性质和比例根据调研分析后可

自定）。地块用地面积为 34 520.62 平方米，建筑总面积为 390 083 平方米（地上）。建筑间距及退界根据《成都市城市规划管理技术规定》（2008 版）及相关具体要求确定，并可以根据设计研究提出有理由的调整变更。

4）要求对本地块进行详细的规划设计；确定建筑的布局位置，高度和体量，建筑形体与开放空间的处理，以及地上与地下的人流与车流的组织。

C. 开放空间和景观概念性设计

5）建筑与城市空间的接驳，公共空间及开放空间环境景观设计策略。

4. 设计成果（参考项目任务书要求，结合主要内容）

A. 总体城市设计

1）总平面图

2）分析图：现状分析图，交通分析图，空间与景观分析图

3）其他可说明设计概念的表现图

4）总体模型

B. 地块规划与建筑设计

5）总平面图

6）分析图

7）建筑各层平面图、立面、剖面图及效果图

8）设计说明与技术指标

C. 城市环境、开放空间及景观设计

9）平面图

10）分析图

11）效果表现图

12）设计说明

以上成果要求用 A0 图纸表现（图纸数量 A0×2/人），表现方式不限，并提交电子文件存档，学生需合作完成本设计研究，建议 4~5 人为一研究设计小组。

附表

选取实验案例与项目对应列表

编号	案例名称	项目名称
1	项目 XM（Project XM）2014	项目 A 上海外滩吴淞路西侧地块设计研究
2	巨构综合体（Mega Complex）2014	
3	层叠都市（Layered City）2011	
4	河畔平台（Riverside Terraces）2011	
5	滨江高密度发展（High Density Development at the Bund）2012	
6	分解高密度（Decomposing the High Density）2012	
7	过去与未来（Past and Future）2014	
8	可塑单元（Flexible Cell）2014	
9	寿司路（Sushi Road）2011	
10	生长的单元（Growing Unit）2015	项目 B 上海金陵东路外滩地块设计研究
11	空中楼阁（Terraces in the Sky）2017	
12	高密度（High Density）2017	
13	城市的间隙（Gap in the City）2017	
14	空中的街巷（Street in the Air）2015	
15	墙（The Wall）2015	
16	模块之眼（Modular Eye）2016	
17	绿色山谷（Green Valley）2017	
18	都市取景器（Public Vistas）2018	
19	空中街市（Downtown Streets in Air）2016	
20	开放之城（Open City）2018	
21	城市之眼（Eyes of the City）2019	
22	垂直街巷（Vertical Street）2019	
23	筑巢（Nesting）2010	项目 C 成都东方希望天祥 D5 地块项目设计研究
24	空中聚落的乘法（Cluster in the Air）2010	

图片来源

方案设计者

白科佳、曾昊、任慧娟、丁曦明、张黎婷、陈奉林、吴丽群、李荣荣、原潇健、于斌、张豪、陆梦、李颖劼、徐泽炜、施雯苑、朱浩瀚、孟吉尔、王欢欢、陈晔、李一纯、徐幸杰、马成文、刘一歌、李垣、吴丹、费甲辰、何润、杨秋雁、朱丹、叶菡、何双虎、郝星环、陈兴、翁弋、石本晃之、王曲、龚运城、卢文斌、韩佩颖、杜怡婷、王瑞坤、刘瀛泽、邱鸿宇、张冬卿、王佳文、刘刚、施毅、王玮颉、李琦、赵荣娜、冷鑫、邓力、李纯阳、李科璇、刘敬、李修然、江嘉玮、曹韬、汪仙、罗珺琳、刘益、谈友华、苏添瑞、马松瑞、林菁、邬昊睿、陈诗韵、曹冬、尚伟文、Giorgio Origo, Demetrio Corbellati, Sara Nunez, Antonio Chila, Davide Rancati, Gotti Francesca, Varesi Alice, Pietra Caterina, Zanderigo Valentina, Iritano Severino, Mattia Barilani, Isa Carla, Maurizio Risso, Lora Fahmy, Michele Lamontanara, Terzi Alessandro, Scarpati Stefano, Maximilian Seidl, Benjamin Muhlbauer, Rusconi Stefania, Merli Benedetta, Carlos Maria Vega Betancor, Oscar Berbel Pereira, Higuchi Go, Sara Andrea, 加藤隆司、David Qiu.

注：本书中的设计文件的制图也由上述人员制作

参考文献

外文著作

[1] M.Berghauser Pont，P.Haupt. Spacemate: the spatial logic of urban density. Delft: Delft University Press，2004.

[2] Rudy Uytenhaak. Cities Full of Space，Qualities of Density. Rotterdam: 010 Publishers，2008.

[3] MVRDV. MVRDV：KM3：Excursions on Capacities. Barcelona: Actar，2005.

[4] Rem Koolhass. Delirious New York. New York: The Monacelli Press，1994.

[5] Rem Koolhaas，Bruce Mau，Hans Werlemann. S M L XL. Monacelli Press，1998.

[6] Edward Ng. DESIGNING HIGH–DENSITY CITIES：For Social & Environmental Sustainablility. Eearthscan in the UK and USA，2010.

外文译著

[7] 布罗托 . 高密度建筑——未来的建筑设计 . 高明，译 . 天津：天津大学出版社，2009.

[8] 罗西 . 城市建筑学 . 黄士钧，译 . 北京：中国建筑工业出版社，2003.

[9] 赫茨伯格 . 建筑学教程：设计原理 . 仲德崑，译 . 天津：天津大学出版社，2003.

[10] 盖尔 . 交往与空间 . 何人可，译 . 北京：中国建筑工业出版社，2002.

中文著作

[11] 董春方 . 高密度建筑学 . 北京：中国建筑工业出版社，2012.

[12] 张为平 . 隐形逻辑 . 南京：东南大学出版社，2009.

外文期刊

[13] HYBRIDS I. a+t，2008，（31）.

中文期刊

[14] 吴恩融 . 香港的高密度和环境可持续——一个关于未来的个人设想 . 世界建筑，2007 （10）：127-128.

[15] 禹食 . 美国建筑师斯蒂文·霍尔 . 世界建筑，1993 （3）：54-60.

后记

约 7 年前，我出版了一本《高密度建筑学》。那是对有关建筑如何应对城市高密度发展作出的回应，源于我多年的研究思考和经验以及之后我的相同课题的博士论文的成果。

同期，我在同济大学建筑与城市规划学院开设有两门针对研究生的有关城市高密度发展与建筑应变的课程。特别是其中一门课程，从 2008 年至今历时十余年，以"高密度发展与建筑生成"为研究目标的设计实践，每年以中外师生对该课题通过具体的基于真实环境条件的项目设计实验，以期验证已经获得的针对城市高密度发展的建筑应变方法和规律，或予以修正与补充。十年来，在中外学者及研究生的共同努力下积累大量探索经验，经过梳理挑选部分成果整理提炼成文出版。

本书的出版，首先要感谢学院对研究工作的一贯大力支持和帮助，感谢学院的激励与创造的条件。

本书的写成离不开学科组同仁的无私帮助和贡献，在此特别要感谢李斌教授和李华博士。十年来两位老师自始至终是本设计研究的组织者与指导者，设计研究工作的坚持与持续开展离不开他们的真诚相助和热忱支持，本书得以完成更离不开他们的科学洞见与宝贵经验。

大量的设计研究文件的整理提炼与解析评价是一项挑战性的工作，在此特别要感谢本书的主要参与者吴庸欢、徐幸杰、朱尽染。从设计文件的梳理选取与评价、版面设计与文字归纳到书稿的美术编辑都倾注了他们的创造力与智慧。本书的完成离不开他们的艰辛工作。也感谢邬昊睿、闫婧、陈诗韵，在书稿最后阶段的繁复工作中，他们参与了部分图片文件的整理和调整工作。

感谢多年来参与到研究设计实践中的中外师生们，他们的热情与辛勤为书稿贡献了丰富的富有价值的素材。

感谢同济大学出版社以及江岱副总编和徐希编辑，本书得以出版更离不开出版社与她们的鼎力相助和辛勤工作。

感谢所有给予帮助和支持的朋友们。

本书献给需要空间的人们。

董春方
2020 年 5 月 22 日
于上海

211

图书在版编目（CIP）数据

高密度发展与建筑实验 / 董春方著 . -- 上海：同
济大学出版社，2020.9
ISBN 978-7-5608-9438-6

Ⅰ . ①高… Ⅱ . ①董… Ⅲ . ①城市规划—建筑设计—
研究 Ⅳ . ① TU984

中国版本图书馆 CIP 数据核字（2020）第 152995 号

高密度发展与建筑实验

董春方　著

责任编辑：由爱华
执行编辑：徐　希
责任校对：徐春莲
封面设计：孙晓悦
装帧设计：朱丹天

出版发行　同济大学出版社
地　　址：上海市杨浦区四平路 1239 号
电　　话：021-65985622
邮政编码：200092
网　　址：http://www.tongjipress.com.cn
经　　销：全国各地新华书店
印　　刷：上海安枫印务有限公司
开　　本：889 mm×1194 mm　1/24
字　　数：281 000
印　　张：9
版　　次：2020 年 9 月第 1 版　2020 年 9 月第 1 次印刷
书　　号：ISBN 978-7-5608-9438-6
定　　价：105.00 元